南江黄羊
舍饲养殖技术

张国俊　主编

中国农业出版社

北　京

图书在版编目（CIP）数据

南江黄羊舍饲养殖技术 / 张国俊主编. -- 北京：
中国农业出版社，2025. 1. -- ISBN 978-7-109-32853
-2

Ⅰ. S826.8

中国国家版本馆CIP数据核字第2025XX3428号

中国农业出版社出版

地址：北京市朝阳区麦子店街18号楼

邮编：100125

责任编辑：张艳晶

版式设计：小荷博睿　　责任校对：吴丽婷

印刷：北京通州皇家印刷厂

版次：2025年1月第1版

印次：2025年1月北京第1次印刷

发行：新华书店北京发行所

开本：720mm×960mm　1/16

印张：6

字数：85千字

定价：48.00元

本书编写人员

主　编　张国俊

副主编　谭玉祥　张　敬

编　者　张国俊　谭玉祥　张　敬

　　　　何林芳　苗　斌　彭　群

　　　　鲜凤琼　陈　瑜　张　琴

　　　　李　霖　蒋林杰　何兴隆

　　　　蒋　康

　　南江黄羊是我国人工培育的第一个肉用山羊新品种，长期以来，南江黄羊以放牧为主要饲养方式。因受到草场森林化和农村劳动力逐渐减少等因素的影响，放牧散养者逐渐退出，规模化舍饲养殖者逐渐增加。为给广大规模养殖场（户）在舍饲养殖过程中提供科学养殖技术，根据南江黄羊的生物学特性和近年来开展的舍饲养殖技术试验示范成果，集成了南江黄羊舍饲养殖关键技术，本着"科学、实用、易懂"的原则，我们整理归纳了养殖场建设、羊只补栏、日粮均衡供应、高效繁殖、快速育肥、疫病防治等方面技术。力求为广大南江黄羊规模化集约化生产者提供技术支撑，其他肉山羊品种舍饲养殖者也可借鉴和参考。鉴于编者水平有限，书中难免存在不妥之处，敬请批评指正。

　　本书得到了四川省2023年重点研发项目"肉羊育种材料创新与配套系选育"（2023YFN0082）资助。

编　者

2024年10月

目 录

第一章
羊场建设设计技术

一、选址要求

1. 符合设施农业用地要求　羊场建设用地应符合当地发展规划和土地利用规划的要求，不得占用基本农田和生态公益林，使用一般耕地和非公益林建设羊场需按规定程序进行备案。

2. 施工条件好　选址最好选在地势高燥、背风向阳、排水良好，有高山、河流等天然屏障，外人和牲畜不易经过的地方。为便于施工，地势坡度在1%～3%为宜，最大不超过25%。应有利于防洪排涝，又不发生断层、陷落、滑坡等地质灾害。切不可建在低洼涝地、山洪水道、冬季风口处，以免发生汛期积水灾害及冬季防寒困难。以坐北朝南或坐西北朝东南方向的斜坡为好。

3. 远离疫源和污染源　羊场周围3km内应无大型化工厂、采矿厂、皮革厂、羊肉品加工厂、屠宰场、石材厂、污水处理厂、兽医院、牲畜交易市场及其他养殖场等污染源。

4. 基础设施完善　羊场内常年有清洁充足的生产生活用水水源，水质应符合人畜饮水卫生要求；电力供应要有保障，有三相电源，能满足场内照明、机械设备用电负荷要求；通信畅通、有5G无线网络或有线网络；交通便利、距离干线公路500m左右，能满足大型车辆运输饲草饲料要求。

5. 符合环保要求 羊场距村镇人口集中居住区和公共场所应在1 500m以上。禁止在国家和地方法律法规规定的水源保护区、旅游景区、自然保护区等禁养区域内建场。

二、羊场布局

按照羊场建设区域的地势，由高到低、常年风向由上到下依次布局生活管理区、辅助生产区、生产区、隔离区、粪污处理、病死羊及废弃物无害化处理区（图1–1）。生产区是养殖场的关键区域，与生活管理区、粪污处理区的距离不低于50m，与隔离区和病死羊及废弃物无害化处理区的距离不低于100m。生产区根据南江黄羊的生产类型性别、不同生长阶段，按生产流程分别建设种公羊舍、空怀母羊舍（待配舍）、妊娠舍、哺乳舍、保育舍、育肥舍（含出栏羊舍），羊舍之间距离在7m以上。对规模不大的养殖场，可将种公羊舍、空怀母羊舍

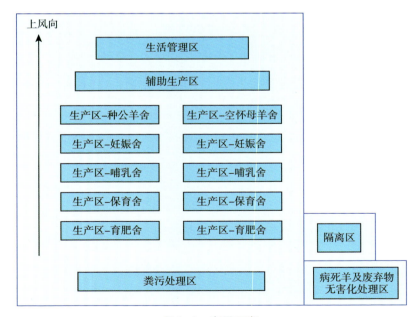

图1–1 布局示意

（待配舍）合并，妊娠舍、哺乳舍合并，保育舍、育肥舍合并，栋内按功能分栏设置不同功能圈舍，并调整内部设施，满足功能所需。

三、生活管理区建设设计

1. **建设内容**　包括入场大门、消毒通道、更衣室、办公室、资料室、会议室、厨房、厕所、监控室和工作人员住房。

2. **建设要求**　大门入口分别设置防渗硬质水泥结构的消毒池和喷淋消毒设备，消毒池与大门同宽，长度4m以上，深$0.3 \sim 0.4$m。更衣室面积$15 \sim 20$m^2、消毒室$20 \sim 30$m^2，消毒室设置消毒踏垫、喷雾设备或紫外灯消毒设施。根据养殖规模和人员情况，确定办公室、资料室、会议室、厨房、厕所、监控室、管理和饲养人员住房等各种功能用房建设规模。该建筑按照设施农用地的要求设计建设设施农业用房，不得设计永久用房。

四、辅助生产区建设设计

（一）草料贮存加工调制区

1. **青贮池和青贮料贮存区**　羊场采取自制青贮料供应青饲料的，需建青贮池，按最大存栏量0.5m^3/只的标准规划。其底部有1%的坡度，在出口处设置集液管道，将青贮过程中的水分通过管道直接排入粪污处理区。其顶部建设遮雨棚，三面墙体厚度为$37 \sim 50$cm。采购商品青贮料供应青饲料的，按最大存栏量0.2m^3/只建设青贮料贮存区，高度需满足大中型装卸、投料等机械进出，安装防鼠和小动物进入设施。

2. **饲草饲料贮存调制车间**　面积按存栏量0.5m^2/只的标准规划设计，高度不低于6m，满足装卸草料机械进出方便，保证室内通风干燥，底部应做防潮处理。调制车间内根据功能分为干草区、精料区、饲草饲料调制区，并根据功能安置装卸、揉搓、粉碎、搅拌等机械。饲料库房及饲料加工区应有防鸟网及挡鼠板等设施，下水道出入口设置防鼠网、防残渣滤网。

（二）精液处理室

应靠近种公羊舍建设，面积为 $20\sim30m^2$，沿墙安装操作台、顶部吊顶、地面铺防滑地板砖、墙面粉刷，要求无尘，并安装精液质量检测设备。

（三）药房

主要保存药品、疫苗等防疫物资，在靠近生产区位置建设，面积为 $20\sim30m^2$，要求有药品贮存架、疫苗和生物制剂保存设施设备和药品出入库记录资料柜。

五、生产区建设设计

（一）不同功能羊舍面积规划

不同功能羊舍所需面积应根据能繁母羊存栏规模而定，详见表1–1。

表1–1　不同功能羊舍面积

类　　别		占能繁母羊比例（%）	每只羊需羊舍面积（m^2）
种公羊舍	单饲	5	4.0～6.0
	群饲	5	2.0～2.5
空怀舍（配种舍）		28	1.5
妊娠舍		55	2.0
哺乳舍		30	2.5
保育舍		100	0.5
育肥舍	公羊	50	1.0
	母羊	50	0.8

（二）羊舍结构

采用砖混结构或钢结构，根据地势条件可建设单列式或双列式羊舍，长度4 000～6 000cm为宜。

1. 羊舍高度

（1）采用人工除粪方式　平墙高度为450cm，其中，羊床距地面150cm、距平墙300cm（窗下缘距羊床120cm、窗100cm、窗上缘距平墙80cm）。

（2）采用刮粪板除粪方式　地面下100cm，地面上平墙高度300cm，其中：窗下缘距羊床120cm、窗100cm、窗上缘距平墙80cm。

（3）采用传输带除粪方式　高度390cm，其中，羊床距地面90cm、距平墙300cm（窗下缘距羊床120cm、窗120cm、窗上缘距平墙60cm），其正立面图、侧立面图、剖面图详见图1-2至图1-4。

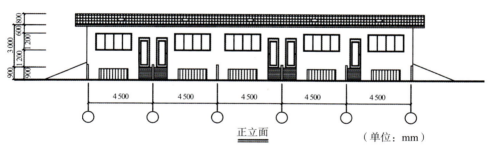

图1-2　传输带除粪方式羊舍正立面

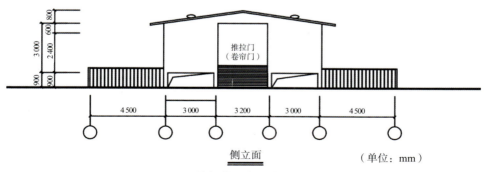

图1-3　传输带除粪方式羊舍侧立面

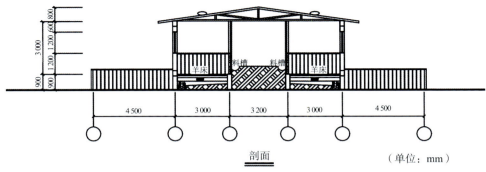

图1-4 传输带除粪方式羊舍剖面

2. 地基 是支撑建筑物的最底层。简易的小型羊舍因负载小，一般建于自然硬基上即可；大型羊舍要求有足够的承重能力和厚度，抗冲刷力强，膨胀性小，下沉度应小于2cm。

3. 基础 要求坚固耐久，具备抗机械能力，防潮、防震、抗冻能力强，一般基础比墙宽10～15cm，可选择砖、石或钢筋混凝土等做羊舍基础。

4. 墙体 墙体应坚持造价低、保温好、墙面光滑、易消毒等原则，每500cm砖砌承重柱或用钢柱。为便于墙内表面清洁和消毒，地面或楼面以上1～1.5m高的墙面应设水泥墙裙，以防冲洗消毒时溅湿墙面或弄脏羊只，损坏墙面。隔墙可用空心砖等材料，外墙面使用具有保温作用的材料。

5. 屋顶 屋顶安装无动力风机或建成钟楼式，以保证通风，使用保温防暑材料，每隔10m安装宽度80cm、与屋顶通长的透明瓦，保证舍内采光。

6. 出檐 长75cm，室外散水60cm；向运动场倾斜3%；散水外边缘比运动场内边缘高10cm。

（三）相关设施建设要求

1. 除粪口 采用人工除粪方式的除粪口建在邻运动场的墙体下部，长度200～220cm、高度100～120cm，除粪口用向外开的双开式木栅栏（或铁栅栏）门，栅栏间隙6cm（图1-5）；采用刮粪板或地下式传输方式的除粪口全部集中在污道一侧；采用地上式传输带除粪方式，除在污道一侧设置除粪口外，还应按人工除粪方式在紧邻运动场的墙体建除粪口。

图1-5　人工除粪的除粪口

2. **门窗**　羊只进出的门开向运动场，宽90cm、高200cm；饲喂通道的门与饲喂通道等宽，高度不低于250cm；羊舍内饲喂通道至羊圈内开2个栅栏式门；圈内在每个隔栏靠饲喂侧方向开宽90cm、与隔栏等高、与隔栏间隙一致的门。窗户实行对开，每个口面留一个窗，窗高120cm、宽250～300cm，窗下缘与羊床距离：种公羊舍150cm，其他舍120cm。

3. **料槽**　料槽呈弧形，外侧（靠饲喂通道）比内侧（靠羊床）高，料槽上口宽度、料槽深度、料槽底部距羊床高度见图1-6。

4. **羊床**　种公羊舍羊床漏缝间隙2.5cm，空怀舍、妊娠舍、育成舍羊床漏缝间隙2cm，哺乳舍、保育舍羊床漏缝间隙1.5cm。木条厚度4cm、宽度5cm。也可安装成品羊床，其优点是方便安装，缺点是不防滑、易损坏。

5. **隔栏**　羊舍内每个承重柱位置做一个隔栏，种公羊舍、空怀舍隔栏高度150cm，其余羊舍隔栏高度130cm。隔栏70cm以下部分采取隔断柱进行隔栏，70cm以上部分采取横杆式隔断（图1-7）。隔栏70cm以下部分隔栏柱间隙：哺乳舍中育羔圈与哺乳母羊饲养圈之间的隔断柱间隙11cm、相邻哺乳母羊饲养圈之间隔断柱间隙4cm（图1-8），保育舍、后备舍隔断柱间隙分别为7cm、9cm，其余羊舍隔断柱间隙11cm。70cm以上部分采取横杆式隔断间隙20cm。

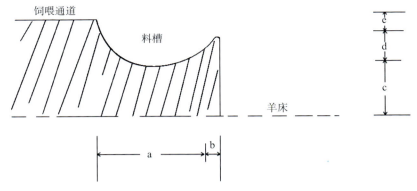

图1-6 料槽与羊床距离示意

注：种公羊舍a＝40cm、b＝6cm、c＝45cm、d＝20cm、e＝3cm；空怀舍、妊娠舍、哺乳舍中哺乳母羊栏a＝40cm、b＝6cm、c＝30cm、d＝20cm、e＝3cm；哺乳舍育羔栏a＝15cm、b＝6cm、c＝10cm、d＝10cm、e＝3cm；保育舍a＝25cm、b＝6cm、c＝15cm、d＝12cm、e＝3cm；后备羊舍（育成舍）a＝35cm、b＝6cm、c＝25cm、d＝20cm、e＝3cm。

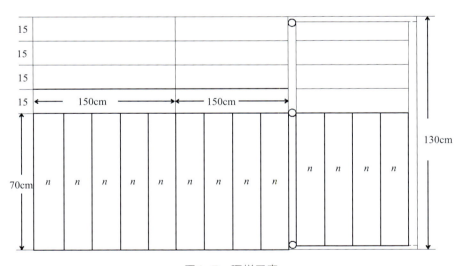

图1-7 隔栏示意

注：种公羊舍、空怀舍、妊娠舍、哺乳舍中带羔母羊圈与育羔间的隔断n＝11cm；哺乳舍中两邻两个带羔母羊圈间隔断n＝5cm；保育舍隔断n＝7cm、后备舍隔断n＝9cm。

哺乳母羊间	育羔间	哺乳母羊间	哺乳母羊间	育羔间	哺乳母羊间	哺乳母羊间	育羔间	哺乳母羊间	隔断柱间隙11cm
第一单元			第二单元			第三单元			隔断柱间隙4cm

图1-8　哺乳舍隔栏布局及隔柱间隙示意

6. 哺乳舍　哺乳舍是生产区中最重要的区域，做好哺乳舍设施设备布局是关键，关系羊场育羔措施能否顺利落实。哺乳舍可以规划成运动场与圈舍一体，也可规划成运动场与圈舍分开。运动场与圈舍一体化可保证育羔期间环境始终保持一致，减少环境温度、湿度变化引起羔羊的应激反应，同时运动场与圈舍一体化让哺乳母羊与羔羊相对分开在不同区域，可减少母羊对羔羊的踩踏，又能保证羔羊能到母羊圈内吃奶，还方便给哺乳母羊和羔羊分别投料，其布局见图1-9。运动场与圈舍分开的哺乳舍，优点是建设成本要低一些，但由

羔羊投料通道									2 000
羔羊料槽									200
育羔间	育羔间	育羔间	育羔间	育羔间	育羔间	育羔间	育羔间	育羔间	2 000
哺乳母羊间	哺乳母羊间	哺乳母羊间	哺乳母羊间	哺乳母羊间	哺乳母羊间	哺乳母羊间	哺乳母羊间	哺乳母羊间	3 000
哺乳母羊料槽									400
哺乳母羊投料通道									2 400
哺乳母羊料槽									400
哺乳母羊间	哺乳母羊间	哺乳母羊间	哺乳母羊间	哺乳母羊间	哺乳母羊间	哺乳母羊间	哺乳母羊间	哺乳母羊间	3 000
育羔间	育羔间	育羔间	育羔间	育羔间	育羔间	育羔间	育羔间	育羔间	2 000
羔羊料槽									200
羔羊投料通道									2 000

17 600

图1-9　运圈一体化建设的哺乳舍平面布局（单位：mm）

　　注：哺乳母羊间与育羔间的隔栏间隙11cm，相邻哺乳母羊间的隔栏间隙4cm，相邻育羔间的隔栏间隙4cm。

于育羔间分布在哺乳母羊圈之间，同一饲喂通道中，料槽大小不同，施工时要麻烦一些，同时由于母羊料和羔羊料不同，投料时也不方便。

7. **采食位**　采食位设计为横杆式，横杆距料槽内侧上缘25cm，25cm以上部分规格与隔断一致。除种公羊舍外，其余羊舍的采食位在中间安装一个可上下调控的横杆。根据羊舍类别或羊只大小调整采食位的高度，见图1-10。

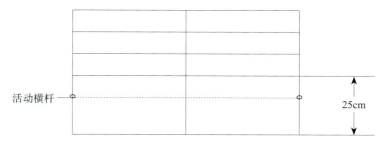

图1-10　采食位隔栏横杆示意图

8. **产羔栏**　在哺乳舍靠墙体设置产羔栏，产羔栏数量按能繁母羊数的50%设计，产羔栏长、宽、高分别为120cm、100cm、120cm。海拔800m以上的地区，在冬季每个产羔栏应安装1个800W的烤灯，地面用1m²的电热板或垫一层木屑，或者用保育箱，见图1-11。

图1-11　保育箱

9. **运动场**　运动场面积应不低于羊舍面积的1.5倍，运动场地面硬化并做防滑处理；向羊舍方向留1%的坡度，底端设宽30cm、深20cm的暗沟，暗沟出口安装地漏接排污管到沼气池，暗沟盖板留干湿分离孔；其顶部安装透明遮雨顶，在屋檐处设置集水管道排入雨水沟；与舍内隔栏对应位置设置运动场隔栏，外部设置围栏，围栏和隔栏的间隙与对应的舍内隔栏间隙一致，高度130cm；每个隔栏和围栏两端开门，门的宽度100cm、高130cm，见图1-12。对于哺乳舍可实行运动场与圈舍一体化建设，可保持哺乳羔羊生长期内环境趋于恒定。

图1-12　羊舍运动场

10. 舍内地面处理　舍内地面低位应高于舍外地面5cm以上，地面硬化处理。采用人工除粪方式的地面处理方法：地面坡度5%～45%、舍内距外墙10cm处设置宽度40～50cm、深度10～15cm的弧形明沟，沟内有1%～2%的坡度，便于尿液通畅流出，在最低处安装地漏与PVC管道接入沼气池或化粪池。采用刮粪板除粪方式的地面应做到平整不积液。采用干湿分离的传输带除粪方式的地面处理方法：需按人工除粪的方式做，地面需有1%～5%的坡度，并按人工除粪方式设置弧形明沟。地面处理是否合格的最重要标准是能否干湿分离、舍内不积尿。

六、隔离区建设设计

1. 兽医室建设　用于治疗器具消毒、配药，诊疗后的废弃物暂时贮存等。面积不低于20～30m²，安装配药操作台、高压灭菌锅、药品记录资料柜、废弃物临时贮存箱等设施。室内安装自动喷雾消毒设施，顶部安装紫外灯消毒。

2. 隔离治疗舍　要求与生产区保持50m以上的距离，有独立的进出通道。用于入场羊只的隔离、病羊的治疗，面积按生产区羊舍总面积的5%设计，运动场面积应是隔离舍面积的2～4倍，配药室面积一般为15m²。

3. **药浴池** 药浴池宽45cm、深110cm、长300cm，底部留排水阀；入池端外围设不低于30m²的待浴场地，池口与池底呈25%的坡度；出池端从底部设步梯至通道，通道宽50cm、长200cm，通道地面硬化，并向药浴池有1%的坡度；通道外设置不小于50m²的运动场（图1-13）。

待浴栏

药浴池

图1-13　药浴

4. **病死羊无害化处理设施** 按每只能繁母羊0.2m²的标准，建设病死羊无害化处理池，无害化处理池要求防雨水、防渗漏、防溢出，四周建1.5m高的围栏。若委托第三方机构处理病死畜禽，则可不建设无害化处理池。

七、粪污处理设施建设设计

（一）建设设计技术

羊粪发酵场、沼气池容积分别按0.5m³/只、0.3m³/只（按基础母羊数计）

的标准规划建设。羊粪干粪发酵池一般长度在3m以上、宽度2～3m、高度1.5～2m。三面用砖砌高120cm、厚24cm，每隔4m砖砌37cm柱，柱内壁与墙面平，池内壁抹水泥光面，底部做防渗处理，并向中间和出口端留1%的坡度、出口端低位安装地漏后接PVC排污管到沼气池，顶部安装遮雨棚，防雨水进入发酵池。沼气池按照畜禽养殖场沼气池建设相关标准进行规划建设。

（二）羊粪处理技术

1. 堆积发酵处理技术　进行堆积发酵的羊粪水分控制在60%～65%，若水分过高，可加锯木屑、秸秆粉等降低含水量。羊粪发酵最佳温度在50℃以上，为了增加温度，堆积高度在1.5m以上，羊粪表面覆盖草帘，堆积7d，再翻一次，最后覆膜堆积。为了充分发酵，让羊粪充分腐熟，夏季一般堆积发酵2个月，其他季节可延长至3个月。

2. 生物发酵处理技术　对养殖规模大的羊场（一般存栏能繁母羊1 500只以上）采取生物发酵生产有机肥，进行商品化生产经营。

（1）生产工艺流程　羊粪脱水粉碎—加辅料（米糠等）和专用微生物发酵剂—搅拌混合—发酵—翻拌—干燥—包装。

（2）生产方法　控制羊粪水分含量在60%～65%，然后用米糠或玉米面将专用微生物发酵剂搅拌均匀后，分撒在羊粪表层，装入搅拌机进行搅拌和粉碎，搅拌均匀后堆在干粪发酵池，高度不低于1m，上面覆盖草帘或麻袋，每隔3d翻一次，一共翻2～3次，两周即可完成发酵。完成发酵后，出现温度降低、发酵后的羊粪呈现无原臭味、内有白色菌丝、质地疏松等现象即表明羊粪已经腐熟，即可装袋。

八、配套设施建设设计

1. 给排水设施　日供水量按最大存栏量5～10dm³/只设计，水质符合人畜饮水卫生要求。羊舍内每圈安装1个自动饮水器，饮水器距羊床的高度根据不同羊舍功能安装，其中：种公羊舍距羊床70cm，保育舍距羊床25cm，妊娠舍、空怀舍距羊床55cm，育成舍距羊床45cm，哺乳舍内的哺乳母羊圈距羊床55cm、育羔间距羊床15cm。场区内实行雨污分流，污水由地下暗管排放到沼气池，雨水由明沟排放。

2. 供电设施　羊场应根据养殖规模配备专线供电设施，包括变压器和配电房，其电力负荷等级为民用建筑供电等级二级，并应自备发电机组，自备电源的供电容量不低于全场电力负荷的1/4。

3. 防火设施　场内建筑物防火等级按照民用建筑防火规范等级三级设计，舍内电线需用穿线管保护，防止羊只啃咬线管和电线。

4. 道路　与场区外连接的运输主干道宽度≥6m，通往饲料库、草料库、青贮窖的场内运输支干道宽度≥4.5m，转弯半径能满足运输饲草饲料的大型车辆进出要求。通往羊舍道路宽度≥3.5m，转弯半径能满足撒料车辆进出要求。场内道路分净道和污道，两者严格分开，道路交叉口设活动开关栏杆。

5. 围墙　场区四周设高度250cm实心围墙，并沿着围墙可栽种藤蔓植物。

6. 绿化　做好羊场绿化，可起到美化环境、净化空气，调节场内小环境温度、湿度和气流，防止疫情传播等作用。根据土质情况，充分利用场内边角地和羊舍功能区之间、羊舍之间的宽阔地带进行绿化。常用的羊场绿化植物有洋槐、女贞、夹竹桃、栀子、香樟等树木，树木下可撒播三叶草、薄荷等喜阴植物。

7. 警示标牌　在场区明显位置设置防疫、安全生产警示标牌和标语。

第二章
羊只补栏技术

一、补栏前的准备

1. 人员的准备　饲养能繁母羊2 000只以上的机械化调制饲草饲料和投料的规模场（常年存栏5 000只左右）需要设置18个岗位（岗位设置见表2-1），其中饲养岗位以能繁母羊来定，包括能繁母羊饲养岗、保育羔羊饲养岗、育肥羊饲养岗、饲料调制投料岗。饲养岗位按每200～250只能繁母羊定额1个饲养工人，包括饲养人员和饲料加工投料机械操作手。后勤岗位包括从事伙食团、环卫、门卫、水电管理等人员。技术岗位包括饲养技术岗、兽医岗、繁殖技术岗。管理岗包括场长、办公财务岗、营销岗。对饲养能繁母羊1 500只以下的场，后勤和管理岗位可根据实际情况，实行一人多岗进行合理分工。人员到位后，到管理规范的规模养殖场实训不少于2周。

2. 圈舍设施的准备　圈舍建成后，清除建筑垃圾，将场内（含道路、圈舍、辅助设施）清扫干净，将门窗打开通风15d以上，待圈内建筑材料异味散完后，使用环境消毒剂（三氯异氰尿酸、戊二醛–癸甲溴铵溶液、石灰水等）对圈舍、天花板、运动场等进行彻底消毒，消毒后圈舍至少密闭3h，再打开门窗通风。每2d消毒1次，至少持续2周，消毒工作完成后羊只才能入圈。

表2-1　饲养2 000只能繁母羊的羊场人员岗位设置建议

序号	岗位名称	人数	工作内容	备注
1	**饲养岗**	9		
1.1	种公羊饲养岗	1	饲养种公羊，协助做好配种和防疫工作，并负责舍内外清洁卫生、运输羊粪到发酵池、草料装卸	
1.2	能繁母羊饲养岗	4	饲养空怀、妊娠、哺乳母羊和羔羊，协助母羊配种和防疫工作，并负责舍内外清洁卫生、运输羊粪到发酵池、草料装卸	
1.3	保育羔羊饲养岗	1	饲养保育舍羔羊，协助防疫工作，并负责舍内外清洁卫生和运输羊粪到发酵池、草料装卸	
1.4	育肥羊饲养岗	2	饲养育肥羊，协助防疫工作，并负责舍内外清洁卫生和运输羊粪到发酵池、草料装卸	
1.5	饲料调制岗	1	按配方调制饲料，并负责机械维修、投料到各羊舍，以及饲料饲草饲料调制间清洁卫生、草料装卸	有驾驶证
2	**后勤岗**	2		
2.1	伙食团	1	负责场内员工伙食	
2.2	其他	1	负责入场管理、水电维修、场内除羊舍内外的公共区域清洁卫生	
3	**技术岗**	3		
3.1	饲养技术岗	1	负责制订饲草饲料调制方案、配种育羔和羊只生长发育记录记载	可兼任场长副场长、营销等管理岗
3.2	兽医岗	1	负责防疫、消毒、治病，制订防疫药品和物资采购计划	
3.3	繁殖技术岗	1	负责制订繁殖计划，具体负责采精、同期发情、输精、接羔、育羔等繁殖工作	
4	**管理岗**	4		
4.1	办公财务岗	2	负责办公室、财务和物资管理	可由技术岗人员兼任
4.2	场长	1	负责全场管理，羊只分群调度、销售、淘汰，草料采购计划制订，财务审核	
4.3	营销岗	1	负责出栏羊的销售	
5	**合计**	18		

3. 设备安装调试　羊入场前15d完成TMR全日粮搅拌机、精料粉碎机、揉搓机、草料装载机或抓草机、投料车、干粪自动传输带、裹包机、青铡机、覆膜机等设备安装调试，调试用电设施设备，在用电设施设备满负荷运行情况下检测电力保障是否正常。

4. 清洁用水的准备　供水必须达到人畜饮用水的标准，并保证在极端干旱情况下的用水充足供应。

5. 饲草饲料的准备　在羊入场前1周，准备存栏羊2～3个月所需的精混合料、青干草（花生秧或秸秆或农产品加工附产物）、青贮料等饲草饲料。

6. 防疫物资的准备　准备好新洁尔灭、来苏儿、生石灰、烧碱、戊二醛 - 癸甲溴铵溶液等消毒药物；黄芪多糖、电解多维、清瘟败毒散等保健药；土霉素、青霉素、庆大霉素、磺胺类等常用抗菌药物；伊维菌素、阿苯达唑等驱虫药物；"羊快疫、羊猝狙、羔羊痢疾、肠毒血症"三联四防灭活疫苗（以下简称"羊三联四防灭活疫苗"）、羊传染性胸膜肺炎菌苗、羊口蹄疫疫苗、羊小反刍兽疫疫苗等常用疫苗；采血管、采血针、针头、兽用注射器等诊疗器具和一次性手套、口罩、防护服等防护物品。

7. 流动资金的准备　根据存栏的能繁母羊数量，按2 500元/只的标准准备流动资金，包括人员费用、水电费、饲草饲料费、药品费、设备维修费等。

8. 补栏羊源的准备　供羊企业越少越好，优先选择供种能力能满足所需补栏量的养殖企业。要求供羊企业具备种畜禽生产经营许可证、动物防疫合格证；信誉良好、无违法记录；处于非疫区，并且无口蹄疫、小反刍兽疫、布鲁氏菌病等一二类传染性发病史；系谱清楚、生产档案齐全、生产管理规范，有优质的售后服务；生产群体规模大，备选羊的数量至少达到所需羊只1倍。

9. 完成防疫条件审查　羊场功能分区及防疫配套设施等应满足舍饲养殖要求，经当地动物卫生监督机构审核验收，取得动物防疫合格证。

二、补栏羊只的鉴定

（一）种公羊的鉴定

（1）外貌符合品种特征 雄性体征明显，全身被毛主体黄褐色，毛短紧贴皮肤、富有光泽，胡须黑色、颜面黑黄，颈部及前胸被毛黑黄粗长，四肢前部黑色，枕部沿背脊有一条由宽到窄的黑色毛带，至十字部渐浅。体格高大、结构匀称、体躯略呈圆桶形。头部雄壮、角向后向外呈"八"字形、鼻梁微隆、额宽，耳大直或微垂。颈肩结合良好、颈粗壮，背腰平直、胸宽深，四肢粗壮、蹄质坚实。双睾丸且发育良好，无遗传缺陷，见图2-1。

（2）年龄1～3岁，生长发育良好，达到品种标准一级以上（表2-2）。

图2-1 南江黄羊种公羊

表2-2 南江黄羊各年龄段种羊主要体尺及体重分级指标

年龄	等级	公				母			
		体重（kg）	体高（cm）	体长（cm）	胸围（cm）	体重（kg）	体高（cm）	体长（cm）	胸围（cm）
6月龄	特	31	62	64	73	25	57	60	67
	一	25	55	56	64	20	51	53	59
	二	22	50	51	58	17	46	47	52
	三	19	46	47	53	15	42	43	47

年龄	等级	公				母			
		体重（kg）	体高（cm）	体长（cm）	胸围（cm）	体重（kg）	体高（cm）	体长（cm）	胸围（cm）
周岁	特	45	68	71	81	36	63	67	75
	一	35	61	63	72	28	57	60	67
	二	30	55	57	65	24	52	54	60
	三	25	50	51	58	21	48	49	54
成年	特	70	79	85	100	50	71	75	87
	一	60	72	77	90	42	65	68	79
	二	55	66	70	82	38	59	62	72
	三	50	61	64	75	34	55	56	65

（二）能繁母羊的鉴定

（1）外貌符合品种特征　全身被毛黄褐色，毛短、富有光泽。颜面黑黄，鼻梁两侧有一对称的浅黄色条纹。头大小适中，颜面清秀，有角。耳较长或微垂，鼻梁微隆。颈长短适中，与肩部结合良好；胸深而广、肋骨开张；背腰平直，尻部倾斜适中。体质结实，结构匀称。体形略呈圆桶形。后躯丰满，乳房发育良好、呈梨形，无副乳头、无硬结，见图2-2。

图2-2　南江黄羊能繁母羊

（2）生长发育良好，达到品种标准三级以上（表2-2）。

（3）临床检查无异常，无遗传缺陷，最好选择来源于多羔的个体，年龄在8月龄至3岁。若是经产母羊，应查阅其繁殖成绩，是否年产1.5胎以上，每胎平均产羔1.5只以上。若出现流产或产死胎、胎平均产羔率和配准率不高或屡配不准、哺乳期奶量不足等情况，一律不要购入。

（三）羊只年龄鉴定

年龄与对应的体重、体尺是判定羊个体等级的重要指标，也是判定羊只引入本场利用年限的重要指标，没有年龄，是无法对种羊做出选育、评定、分级的。南江黄羊种公羊年龄达到3周岁、能繁母羊达到2.5周岁以上，生长发育已经全面完成，体尺不再增长，体重随着季节和营养供应的变化而增减，称之为成年期。南江黄羊生产年限种公羊一般为1～6周岁，种母羊8月龄至7周岁；生命年龄平均在8周岁，最长达13周岁。因此引入羊只必须查看年龄。准确的年龄来源于出生日期的记录记载或耳号标记的出生时间，对记录记载不全的羊场羊只可根据齿龄（牙齿的更换、生长、磨损、脱落状况）情况，鉴定出其大致年龄。其判定方法如下：

1. 1周岁以内　南江黄羊周岁前为乳齿期，乳齿呈白色、细小。一般在6月龄前，生长在下腭上的8枚乳门齿变化不大，不易鉴别；8月龄时，乳门齿中间1对牙出现微小缝隙；10月龄时，左右两边乳门齿松动；一般在12月龄左右中间乳门齿开始脱落。

2. 1～1.5周岁　又称对牙期，即在12～18月龄期间。中间乳门齿脱落后逐渐生长出第一对永久门齿。然后，靠近中间门齿的第二对乳门齿（内中乳齿）开始脱落。

3. 1.5～2周岁　又称四牙期，即18～24月龄，第二对乳门齿（内中乳齿）脱落到长成永久内中齿，然后第三对乳门齿（外中乳齿）开始脱落。

4. 2～2.5周岁　又称六牙期，即永久外中齿生成（第三对外中乳齿脱落后生成永久门齿）的年龄。此时，母羊已达体成熟，但牙齿仍继续生长出最后一对永久门齿。

5. 2.5～3周岁　又称齐口期，即永久隅齿生成期，也就是最后一对乳门齿脱落生成永久门齿的年龄。最后一对永久门齿较小，又称边牙齿。此时，母羊的门齿已全面生成，达到4对；公羊要延续到3.5周岁长整齐4对永久门齿。

三、入场羊只检疫与调运

1. 临床检疫　临床观察羊只：膘情良好，被毛紧贴皮肤有光泽；反应灵敏、活泼好动、运动姿态正常、无跛行；双目有神、无分泌物；口鼻干净，无流鼻涕、流涎症状；呼吸、反刍正常，无咳嗽、喘气症状，粪便呈球形、有光泽，尿液呈淡黄色。

2. 实验室检测　主要检测小反刍兽疫、口蹄疫、布鲁氏菌病抗体，小反刍兽疫、口蹄疫抗体合格率应达90%以上。若抗体水平不达标，需补免后15d再进行检测，达标后方可调运。布鲁氏菌病抗体检测应为阴性。所选羊需自检合格后，送到有资质的检测机构进行复检，做到只只检测。凡出现布鲁氏菌病抗体阳性或小反刍兽疫、口蹄疫等抗体水平不达标者，一律不得调运。

3. 取得检疫手续　调运前向启运地动物卫生监督机构申报检疫，检疫合格，由启运地动物卫生监督机构出具检疫合格证明（省内使用动物B类票、省外使用动物A类票），使用在省级智慧动物监督平台备案的车辆进行运输。

四、隔离期饲养技术

（一）入场羊应激反应处理技术

1. 应激反应症状　羊在运输过程中，环境温度、装卸、拥挤、禁食、禁水等因素，均会使羊发生应激反应。应激反应的症状表现为精神不安、肌肉长期强直收缩，引起肌肉震颤、反刍异常、食欲减退、妊娠母羊流产、咳嗽、流鼻涕、发热等，个别羊只出现死亡。因此，尽量减少运输过程的应激反应尤为重要。

2. 运输要求　运输车辆货厢底垫木屑，密度适中（根据羊只体重大小来定密度，一般3～5只/m²），尽量避免在夏季、冬季运输。若确需运输，夏季应在晚上、冬季在白天启运，并做好防雨棚布，运输途中尽量减少停车时间。羊群运抵目的地后及时向属地动物监管机构报告，羊只不要直接入生产区圈舍，必须先进入隔离舍。

3. 应激反应处理　在隔离舍首先补给饮用（温）水，水中添加黄芪多糖或电解多维或板蓝根颗粒等药物，尽快恢复体能、降低应激反应。在进入隔离场第一周，可以在饲料或饮水中添加黄芪多糖粉、板蓝根颗粒、维生素C、维生素E等药物。日粮组成与供种企业饲喂的日粮保持基本一致，实行少量多餐的方法进行饲喂。隔离期间及时观测羊只体温、呼吸、采食、反刍、粪便等情况，若出现病征，及时对症治疗处理。

（二）隔离羊只饲养技术

隔离期内严禁其他羊只入场，严禁无关人员入场，严禁饲养管理人员出场或到其他养殖场活动。羊只入场一周后，开始由供种企业的饲喂方法逐步向本场饲养操作规程转变。按本场的日粮配方逐步转变日粮组成，经过10d左右全部过渡到本场制订的饲喂方案。

（三）隔离期羊只的疫病检测

隔离期一般为1～3个月，最长可延长到6个月。隔离期内每满1个月、3个月、6个月分别进行布鲁氏菌病抗体筛查一次。若发现布鲁氏菌抗体疑似阳性，应及时向当地农业农村主管部门或动物疫病预防控制机构报告，并进行复检。若确诊感染布鲁氏菌病，按照《布鲁氏菌病防治技术规范》要求严格处置。在隔离期内无传染病发生，方可将羊只转入场内饲养。

（四）隔离期满羊舍处理措施

隔离期满，羊只临床和实验室检测未见异常，可转入生产区饲养。隔离舍须及时清除粪便，做好清洁卫生，并按消毒制度进行消毒，以利再用。

第三章
日粮均衡供应技术

一、常用牧草种植技术

（一）播种地的选择

1. 交通方便　优质高产人工种草的土地要选择在交通方便、距离养殖场较近的地方，同时最好具备耕作道，适合机械化种植和收割，降低种植和收割成本。

2. 土地肥沃　许多养殖户认为草在任何地方都能生长，因此常用贫瘠的土地来种草。这是错误的观点。要种植优质高产的牧草，需选择土地肥沃、地势平坦、水源有保障的地方。

（二）播种地的准备

1. 清理除杂　播种前要把地里的杂草和石块清理干净，面积大的可用除草剂除去杂草。

2. 翻耕土地　翻耕土地是种植的基本耕作措施。选择适当的翻耕时期和翻耕深度，对保证种植质量有很大关系。翻耕深度可根据土壤情况而定，一般深比浅好，以20～30cm为宜。

3. 施足底肥　建人工草地，则应施足底肥。每亩可施农家肥1 000～4 000kg或复合肥40kg。施用的农家肥必须经过腐熟发酵，以杀死粪肥中的虫卵和使杂草种子丧失发芽能力。施完底肥后应及时将肥料翻入土层，再进行耕地。

4. 精耕平地　多年生牧草的种子十分细小，贮藏的营养物质不多，种子萌发速度缓慢，萌生的幼苗特别细弱，容易遭杂草侵害。如果土块过大，播种后种子和土壤不易紧密接触，不利于种子出苗，或出苗后幼苗易被土块压死。

5. 播种期选择　牧草的播种时期，一般分为春播和秋播。温度是确定播种期的主要因素。一般来说，当土壤温度上升到种子发芽的最低温度（11℃）时，开始播种比较合适。多花黑麦草、紫花苜蓿、苇状羊茅、鸭茅、白三叶等牧草以秋播为主（8月下旬至9月下旬），高海拔地区适当早播，效果更好。饲用甜高粱、青贮玉米、高丹草、墨西哥饲用玉米等牧草以春播为主（3—5月）。

6. 播种用量　牧草的播种量直接影响其产量，因此播种必须适量下种。播种量的大小主要由种子的大小和品质来决定。种子粒大的播种量大一些，反之则小些。种子品质好的播种量小，品质差的播种量则大。一般栽培牧草都有规定的理论播种量。这个播种量是针对种子纯净度和发芽率均为100%而言的，因此实际播种量还要用理论播种量除以纯净度和发芽率进行校正。

7. 播种方法

（1）播种深度　牧草播种要求有一定深度，过深或过浅都不适宜。过深，其幼苗无力顶出表土；过浅，则因表层土壤水分不足，种子不易萌发，萌发后幼苗也扎土不牢固。一般来说，牧草都要求浅播，混合草种的播种深度为2～3cm。

（2）撒播　播种时将种子均匀撒入土壤中，对于细小的种子应加入一定量草木灰、磷肥或细土，与种子均匀混合后再撒入土壤中。

（3）条播　每隔一定距离将种子成行播种的方法叫作条播。条播的行距随牧草种类和利用方式不同而异，行距一般为15～30cm。

8. 田间管理

（1）破除土表板结　在牧草播种以后、出苗之前，土壤表层往往形成板结，影响出苗，甚至造成严重缺苗。所以，在种子未出苗之前，在有土表板结的地块，可用短齿耙锄地，也可以采取轻度灌溉的方法破除板结，促使幼苗出土。

（2）防除田间杂草　防除杂草的方法有人工除草和除草剂除草。在人工草地面积较小的情况下，可采用人工除草，在牧草生长早期，即分蘖或分枝以前，因杂草苗小，实行浅锄；在牧草分蘖和分枝盛期，杂草根系入土较深，应当深锄，对点播和条播的牧草采取以上方法，对撒播和厢播的牧草应采取刈割，能有效抑制杂草生长。

（3）追肥　追肥是为了满足牧草生长期内对养分的需要。追肥一般以化肥为主，但也可施用腐熟农家肥料。人工草地第一次追肥应在开始生长到分蘖前进行，以氮肥为主，可兑水泼施，防止烧伤牧草。第二次追肥应在牧草收获前，可施复合肥或尿素。刈割后每次追施用量为每亩氮肥8kg、磷肥5kg、钾肥5kg，或者将农家肥在刈割后的草地上撒施1次。

（4）播后管理　出苗后应及时除草和间苗，雨季应排水防涝、旱季应及时灌溉。生长至20d应追施氮肥1次，每次刈割后亩施尿素5kg或熟粪水，刈割高度以60～70cm为宜。

（三）常用牧草种植技术

1. 苜蓿　种前晒种3～5d或混沙擦破种皮。常在8月下旬至9月下旬进行播种，播种量为15.0～22.5kg/hm²。点播、撒播、条播均可，但条播为最佳。行距20～30cm、深度1.3～2cm。苜蓿的适宜刈割期为初花期。若刈割过早，虽饲用价值高，但产草量低；若刈割过迟，虽产草量高，但品质下降明显。秋季最后1次在早霜来临前1个月进行，过迟不利于越冬和第二年的生长。刈割留茬高度一般为4～5cm，最后1次刈割留茬高度以7～8cm为宜。图3-1为紫花苜蓿。

2. 饲用甜高粱　一般在4月上旬土壤温度达12～15℃时播种，通常较肥沃的土壤，播种量15.0～22.5kg/hm²；较贫瘠的土壤，播种量应控制在22.5～37.5kg/hm²。实行条播时，以行距30～40cm、播种深度3～5cm为宜。一般的刈割标准是当长到1.2～1.5m时进行第一次刈割。以后每隔25～30d可刈

图3-1　紫花苜蓿

割1次，及时刈割是利用饲用甜高粱的最好方法，植株在1.2～1.5m时，植株中的粗蛋白质含量最高，粗纤维含量适中，适合羊采食。如制作青贮饲料则收获株高以2～3m为宜。每次刈割后施足农家肥或氮肥，有利于饲用甜高粱的健康生长。收割后留茬高度为10～12cm。饲用甜高粱幼嫩的植株和叶片中都含有能释放出氢氰酸的化学物质，为避免氢氰酸中毒，幼嫩的甜高粱植株和叶片不能直接饲喂羊。饲用甜高粱高度在1.2m以下时，不要放牧或青饲，一般不喂隔夜的甜高粱鲜草。图3-2为饲用甜高粱。

图3-2　饲用甜高粱

3. 饲用玉米　主要品种有雅玉8号、曲辰9号等。播种前进行晒种催芽、浸种等处理，播种时间为每年3月下旬至4月上旬。播种行距30～40cm、株距15～20cm。青贮玉米田用种量37.5～60kg/hm²，亩平均4 000～4 500株，青刈玉米田用种量75～100kg/hm²。出苗后要及时检查苗情，凡是漏播的，在其他刚出苗时就要立即催芽补苗或移苗补栽，力争全苗。为合理密植提高产量，在3～4针叶时除去过密的弱苗，每穴留2株大苗、壮苗。图3-3为饲用玉米。

图3-3　饲用玉米

4. 多花黑麦草　秋播的播种期在8月下旬至9月上旬，春播在2月上旬。亩播量1.5～2kg。条播行距15～30cm。多花黑麦草播种量22.5～30kg/m²，播深1.5～2cm。播种45～50d后割第一次，以后视牧草长势情况，每隔20～30d割草1次。由于多花黑麦草的水分含量较高，为防止畜禽腹泻，可提前一天收割，第二天饲喂或搭配其他干燥秸秆饲喂。图3-4为多花黑麦草。

图3-4　多花黑麦草

5. 多年生高大饲用牧草　主要品种有四川农业大学选育的玉草1号、广西畜牧研究所选育的桂牧1号等。该类牧草具有植株高大、分蘖能力强、生长迅速、再生能力强、产量高（亩平均20t）、叶量大等特点，但不耐寒，一般种植在低海拔、低纬度地区，高海拔冬季易冻死，因此高海拔地区需使用草或地膜或牛粪等畜禽粪便覆盖进行保温。种植深度5～45cm、行距40～45cm、株距30～45cm、斜插后露顶1～2cm。图3-5为桂牧1号。

图3-5　桂牧1号

（四）常用粗料种类及质量鉴定技术

1. 青绿多汁饲料　主要包括天然野草、田间杂草、人工牧草、青饲作物、叶菜类、根茎瓜类、水生植物及树叶类等。此类牧草要求鲜喂，最好边割边喂，收割的量当天用不完时，将草薄薄地摊在通风处（图3-6）。确保无腐烂或霉变、泥沙等杂质。

图3-6　人工牧草饲喂前处理

2. **青干草** 包括人工种植的黑麦草、燕麦草、墨西哥玉米、高丹草、三叶草、紫花苜蓿等牧草。三叶草、紫花苜蓿等豆科植物应在开花初期收割，黑麦草、燕麦草等禾本科植物宜在抽穗期收割。经过切短晒干后，打包压实保存。青干草必须均匀一致，无霉烂结块和异味，色泽浅绿或暗绿，洁净，有清香味，无泥沙、铁钉等有害物质，方为优质青干草。图3-7为专业化生产的苜蓿青干草，图3-8为专业化生产的燕麦青干草，图3-9为养殖户自晒的燕麦青干草。

图3-7　专业化生产的苜蓿青干草

图3-8　专业化生产的燕麦青干草

图3-9　养殖户自晒的燕麦青干草

3. 农副产物饲料　常用的有玉米秸、高粱秸、花生秸、甘薯藤、豆秸、谷壳、花生壳、高粱壳、豆壳等，此类饲料一般晒干保存，饲喂时添加。特别是花生秸、高粱壳等因其相对成本低、易采购、粗纤维含量丰富、适口性好等特点，目前已成为舍饲南江黄羊的主要干粗饲料。秸秆类饲料要求颜色金黄或黄中带绿、无泥沙、无霉变，秕壳类饲料要求无霉变、无泥沙。图3-10为优质花生秧和较差的花生秧。

a   b

图3-10　花生秧

a.优质花生秧　b.较差的花生秧

4. 青贮饲料　青贮饲料因其营养丢失少、易保存、易采购等特点，是舍饲养殖南江黄羊的主要粗饲料之一。

（1）青贮料制作方法

①选择青贮原料：青贮原料必须要含有一定的糖分，含糖量低的饲草不宜青贮，如花生秧、豌豆秧、大豆草等牧草由于含糖量不足，因此不能单独青贮，必须与玉米草等含糖量高的饲草混合才能青贮。常用青贮饲草包括玉米、高粱等禾本科饲草。

②掌握好水分：用于青贮的饲草最适含水量范围为60%～70%。直观判断方法：一是看籽实成熟程度，"乳熟早、枯熟迟，蜡熟正当时"；二是看青黄叶比例，"黄叶差、青叶好，各占一半稍嫌老"；三是紧握铡短的饲料，仅有水分渗出在指缝间，但不滴出。对于质地坚硬的原料，可适当提高水分含量，反之则降低。含水量过高或过低的饲料都应经过处理后再进行青贮，过高者适当晾晒或加入干饲料，过低者喷入适量水分或加入多汁料。

③铡短：在青贮过程中，原料应切短，最好在3cm以下，使用具有拨揉搓功能的机械，将青贮草较硬部分压破后铡短，既利于将来压紧压实，又能增加适口性。

④排除空气：乳酸菌只有在隔绝空气的条件下才能生长繁殖。如不排除空气，霉菌、腐败菌会乘机滋生，从而导致青贮失败。因此，要压实、密封，尽可能创造出理想的无氧环境，这是青贮过程中很关键的一步。

⑤创造适宜的温度：青贮的温度要控制在20～30℃，除尽可能排除空气外，还要缩短铡草装料过程，以减少氧化产热。相反，如果温度过低，乳酸菌的活动就会受到抑制。

⑥及时装填及封窖：青贮制作过程应"边收、边切、边装"，力求缩短植物呼吸过程。装原料时要层层铺平、压实，尤其要注意周边部位。在逐层装入时，注意每层厚度在15～20cm，直到装满青贮窖。原料应与窖口齐平，中间略高，然后盖上塑料膜，膜上压30～50cm厚的湿土。封窖后，要随时注意观察，发现有裂缝或下降现象要立即修补，以防止透气或漏入雨水。此外还应注意，青贮料一般在40～50d后完成发酵过程，开窖取用时，要做到连续取用，随取随用，每次取完后随时覆盖表面，尽量减少与空气接触，防止变质。每次取用厚度应大于10cm，对于少量变质的饲料及时抛弃。

（2）青贮料质量鉴定方法 一是闻气味，好青贮料具有芳香的酒糟或山楂味，酸味浓而不刺鼻，手摸后味道容易洗掉；品质低劣的青贮饲料有大粪样的臭味，发生霉变。二是看颜色，好青贮料，颜色呈绿色或茶绿色、黄绿色，有一定光泽；中等的呈黄褐色或暗绿色，光泽较差；差的青贮料呈黑褐色或灰黑色，有的像烂泥一样呈深黑色。三是看质地，好的青贮料压得紧，质地柔软，较湿润，茎叶多保持原形，轮廓清楚，叶脉和绒毛清晰可见。差的青贮料粘成一团，像污泥一样，或质地软散、干燥而粗硬，或者霉变结成干块。图3-11为全株青贮玉米。

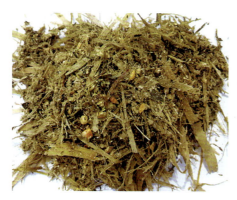

图3-11　全株青贮玉米

（五）常用精料品种及质量鉴定技术

1. **能量饲料**　包括玉米、大麦、燕麦、高粱、麸皮等。常用的以玉米和麸皮为主。进行玉米外观的感官鉴别时，可取样品在纸上撒一层，在散射光下观察，并注意有无杂质，最后取样品用牙咬，观察质地是否紧密。优质玉米颗粒饱满完整、均匀一致，质地紧密，无杂质；劣质玉米灰暗无光，胚部黄色或绿色，有大量生芽粒、虫蚀粒，或发霉变质、质地疏松。优质麦麸无异味或有异味但不刺鼻，有淡淡的麦香味，颜色较浅，颗粒均匀，无杂质；劣质麦麸有刺鼻味或异味较重、颜色过深或不均匀、有霉变和杂质。图3-12为麦麸。

2. **蛋白质饲料**　包括豆粕、鱼粉、酵母、蚕蛹等，舍饲南江黄羊常用豆粕作为蛋白质饲料。外观鉴定方法：一是察看豆粕包装文字，必须在保质期内，蛋白质含量要在43%以上。二是看豆粕形态和闻气味，正常豆粕呈片状或粉状，色泽一致，偶有少量结块，有豆粕固有的豆香味。掺入了杂质后，颜色浅淡，结块多，可见白色粉末状物，闻之稍有豆香味。图3-13为优质豆粕。

图3-12　麦麸

图3-13　优质豆粕

（六）常用预混料及质量鉴定技术

预混料不得自配，应从具备生产资质的饲料厂家购买。其成分包括铁、锌、锰、铜、钴、碘、硒、钼、氟、铬、硼等矿物质和维生素A、维生素D_3、维生素E、维生素B_1、维生素B_3、维生素B_{12}等维生素。外观鉴定方法：看是否在保质期内，矿物质和维生素是否齐全。较好的预混料颜色均匀，外表光滑，闻起来有清香或自然香味；较差的眼观外形粗糙不平、有结块等现象，闻起来有异味、霉味、酸味和腐臭味。

二、全价日粮调制技术

（一）不同类别羊只精混料用量（表3-1）

表3-1　不同类别羊只精混料用量

（单位：%）

饲料名称	种公羊	空怀母羊	妊娠母羊	哺乳母羊	哺乳羔羊	断奶羔羊	后备羊	育成羊
玉米	52	58	58	52	56	52	55	57
麦麸	18	20	18	20	16	20	20	20
豆粕	19	12	15	18	18.5	20	17.4	14
菜籽饼	7	6.4	5	5.85	5.5	4	3.5	5
食盐	1	1	1	1	1	1	1	1
预混料	2.5	2.1	2.5	2.65	3	2.5	2.6	2.5
碳酸氢钠	0.5	0.5	0.5	0.5	—	0.5	0.5	0.5
合计	100	100	100	100	100	100	100	100

（二）调制饲草饲料的设备

1. 揉搓青铡机　用于玉米秸秆、青贮玉米草等饲草的铡短、揉搓，便于日粮的充分混合，利于提高粗料的适口性，见图3-14。

2. 打捆覆膜机　用于青贮饲草的打捆覆膜，见图3-15。

3. 自吸式精料粉碎机　用于玉米等精料的粉碎，见图3-16。

4．全混合日粮搅拌机　用于精料与粗料的充分混合，提高适口性，搅拌时间在20min以上，见图3-17。

5．粉碎搅拌一体机　用于玉米、麦麸与预混料、维生素等充分混合，见图3-18。

图3-14　揉搓青铡机

图3-15　打捆覆膜机

图3-17　全混合日粮搅拌机

图3-16　自吸式精料粉碎机

图3-18　粉碎搅拌一体机

（三）调制饲草饲料的方法

科学地调制饲料，目的是提高饲料消化率和营养价值，增强适口性，提高畜禽采食量，充分开发利用尽可能多的饲料资源。

1. **粗饲料调制**　为了便于羊只采食、咀嚼及消化，减少浪费，粗料与精混料充分混合，使用揉搓一体机将粗料铡短和揉细，一般铡短至1～2cm。

2. **精混料调制**　一是将黄豆、豌豆等部分原粮炒黄炒香，使蛋白质香脆和焦化，既适口又易消化，适口性增高，易增膘省料。二是将玉米等原粮粉碎磨细，再与预混料、食盐、小苏打等均匀混合成精混料。

3. **全日粮调制**　用TMR机将粗饲料、精混料充分搅拌，一般搅拌20min。若粗饲料水分含量低，需加适量的水，使水分含量保持在35%～50%，让精混料充分均匀地黏附在粗料上。见图3-19。

图3-19　全日粮调制

三、全日粮饲喂技术

夏秋季应当天配制当天饲喂完，冬春季配制的必须在2d内饲喂完。能繁母羊、种公羊、育肥羊每天饲喂2～3次，哺乳期和保育期羔羊每天饲喂3～4次。饲喂时要及时观察日粮剩余情况，若余量超过5%，可适当减量，避免造成饲草饲料浪费；若日粮无剩余，可适当加量，保证羊只日粮供应充足。

第四章

高效繁殖技术

一、组建高繁殖性能基础群

1. **种公羊选择**　外貌符合南江黄羊品种特征，生长发育良好，周岁体重达到35kg以上，成年体重达到60kg以上，年龄1～3岁，出生类型来自双羔以上的个体或南江黄羊高繁品系。与入群种母羊无亲缘关系或亲缘关系在三代以上，见图4-1。

图4-1　种公羊

2. **种母羊选择**　外貌符合南江黄羊品种特征，生长发育良好，年龄8月龄至3岁，8月龄、周岁、成年体重分别达到25kg、30kg、40kg以上，出生类型来自双羔以上的个体或南江黄羊高繁品系，见图4-2。

图4-2　种母羊

二、配种技术

（一）繁殖年龄

南江黄羊4月龄即可发情，8月龄即可达性成熟。体重在成年体重70%以上达到体成熟，一般体成熟体重在26kg以上。因此南江黄羊母羊年龄在8月龄以上、体重26kg以上即可参与配种。母羊繁殖最佳年限为6岁以内，一般不超过7岁，特别有育种价值的不超过8岁。

（二）同期发情调控技术

1. 概念

同期发情是利用某些激素制剂人为地控制并调整一群母畜发情周期的进程，使之在预定的时间内集中发情。其优点是有利于集中配种，以及母羊妊娠、分娩和育羔在时间上相对集中，便于成批生产，更合理地组织生产，有效地进行饲养管理，节约劳动力。

2. 同期发情药物

（1）发情抑制剂　常用孕酮（P4）、炔诺酮、氯地孕酮、18-甲基炔诺酮等抑制剂。

（2）黄体溶解剂　常用氯前列烯醇、45-甲基前列烯醇等前列腺素（PG）及其类似物。

（3）增强卵巢活性制剂常用促性腺激素（GnRH）、促卵泡素（FSH）、促黄体生成素（LH）、孕马血清促性腺激素（PMSG）等活性制剂，图4-3为

图4-3　血促性素绒促性素

血促性素绒促性素。

3. 同期发情操作方法 常用阴道栓塞法，其步骤如下：

（1）植栓 即将一块柔软泡沫塑料浸吸一定量的发情药液，或将特制的含孕激素的硅橡胶环塞于阴道深处（图4-4、图4-5）。

（2）撤栓 植入海绵栓后9～14d撤栓，一般12d撤栓（图4-6）。

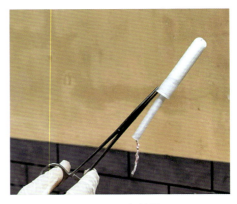

图4-4 海绵栓

（3）注射药物 撤栓后立即在羊颈两侧分别注射血促性素、氯前列烯醇钠，或撤栓后立即注射血促性素，隔24h后再注射氯前列烯醇钠。

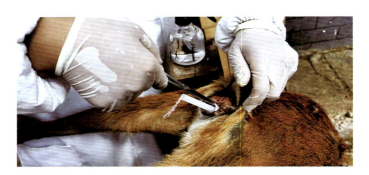

图4-5 植入海绵栓

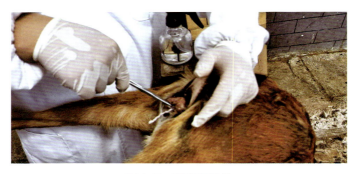

图4-6 取出海绵栓

（三）发情鉴定技术

1. **外部观察法** 主要观察母羊的精神状态、性行为表现及外阴部变化情况。母羊出现兴奋不安、鸣叫、食欲减退、追寻公羊，外阴部充血、肿胀、有稀薄黏液且由多变少，渐至浓稠、糊状等表现，视为发情。见图4-7至图4-9。

2. **阴道检查法** 采用人工授精方法时，常用此法鉴定。用开膣器打开阴道，观察阴道黏膜和子宫颈口黏液和颜色变化。发现母羊阴道黏膜和子宫颈口充血、松弛、有透明黏液流出，阴道黏膜表面光滑、湿润等表现，视为发情。

3. **公羊试情法** 每日上午和下午将母羊群赶至运动场，用试情布围住试情公羊的腹部后将其放入母羊群中，发现母羊有寻找、尾随公羊或向公羊接近并发出鸣叫声，示意接受公

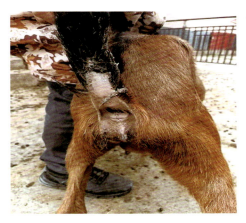

图4-7 母羊发情初期外阴表现

图4-8 母羊发情中期外阴表现

图4-9 母羊发情末期外阴表现

羊爬跨，或者靠近公羊安静不动等行为，视为发情。每天至少进行两次鉴定，否则可能漏检、漏配，影响整个配种工作。

（四）人工授精技术

对小规模舍饲养殖可采取人工辅助配种技术，即采取公羊、母羊分群饲养，到配种季节每天对母羊进行试情，按选配制度实行母羊发情定配；公羊配种每天不超过2次，每周至少停配2d。对规模化集约化舍饲养殖场需采用人工授精技术。

1. 概念　人工授精是用人工方法采集公羊的精液，经品质检测、稀释等处理后，将精液注入发情母羊的子宫颈内使其受孕。

2. 基本设备　采精的主要设备有假阴道外壳、内胎、集精杯，输精的主要设备有输精枪、输精吸管套、胶状润滑剂、带光源的开膣器、记录笔和纸，见图4-10。

图4-10　采精设备

3. 操作步骤

（1）准备台羊或诱情羊　采精前让公羊接触台羊或诱情羊，适当诱情。

（2）制备假阴道　假阴道由外壳、内胎、漏斗、集精杯等组成。采精时温度调节到接近45℃，压力可借注入的水量和吹入的空气调整。用消毒过的玻璃棒沾凡士林涂抹在假阴道内壁上，润滑内壁。

（3）采精　采精员位于台羊或诱情羊右侧，右手持假阴道，假阴道与公羊阴茎伸出的方向一致。当公羊爬跨台羊或诱情羊向前做"冲跃"动作时，采精员左手掌心向上、四指并拢轻握包皮，将阴茎导入假阴道内。待射精完毕，立即将集精杯端竖直向下，先放出假阴道内胎的空气，然后取下集精杯，到精液处理室进行精液品质检测。图4-11为采精操作。

图4-11 采精操作

（4）精液品质检查

①色泽和气味：正常的精液应为白色或淡黄色，略有腥味。凡呈红褐色、绿色并有臭味的精液不能使用。

②状态：刚采集的精液在低倍显微镜下可观察到翻腾滚动的云雾状态，精子密度越大，活力越高，其云雾状越明显，见图4-12。

图4-12 精液状态

③射精量：羊的射精量为0.5～2.0mL，一般为1mL。

④活力：指精液中前进运动精子的百分比。鲜精活力达到60%以上、冻精达到35%以上方可输精。

（5）稀释 稀释倍数依配种数量而定，一般稀释1～4倍。稀释时，稀释液（图4-13）的温度必须调整到与精液的温度一致。然后将一定量的稀释液沿壁徐徐加入集精杯中，轻轻

图4-13 精液稀释液

摇匀。

（6）输精　将受配母羊保定在输精架中，让其自然站立，让母羊后驱略高。按照母羊尻部的倾斜度，缓慢而有力地将开膣器插入发情母羊阴道末端。将输精器前端插入子宫颈口内0.5～1.0cm，缓慢地注入精液。注射完毕，移出输精枪和开膣器，再进行5s的阴蒂按摩。

4. 提高人工授精受胎率的主要措施

（1）提高精液品质　科学饲养种公羊是提高种公羊旺盛的性欲、生产优质精液的主要措施，主要采取保持种公羊中等以上体况、保证足够运动时间、充足光照、均衡营养供给（特别是蛋白质、维生素、微量元素的供给）等措施。规范采精操作规程，不得损伤公羊阴茎，假阴道温度要适合，稀释液要按规定保存，按说明书中介绍的方法和比例进行稀释，不得使用过期稀释液。

（2）适时输精　适时输精是提高受胎率的关键。能繁母羊通过同期发情技术处理后，12～36h进行第一次输精，隔12h再输精一次。若第二次输精后母羊仍处于发情状态，可再输一次。

（3）找准输精部位　找到子宫颈口，输精枪进入子宫颈口内0.5～1.0cm，将精液缓缓注入。

（五）妊娠诊断技术

1. 阴道诊断法　母羊配种1周后，阴户流出白色黏液，配种20d后，用开膣器打开阴道，阴道壁黏膜为白色，几秒钟后变为粉红色，且黏液量少、透明，之后黏液渐渐由稀薄变得浓稠，可判定已妊娠。

2. 体态（外观）诊断　已配母羊阴门紧闭、阴唇收缩，配种20d后不再发情，可判定已妊娠。

3. 超声波检测法　在配种母羊乳房两侧皮肤上涂抹耦合剂，用涂抹了耦合剂的超声波诊断仪（图4-14）探头，垂直紧贴皮肤缓慢滑动扫描，观察显示中显示的图像。发现母羊子宫壁增厚，子宫体内有圆形或椭圆形的一个或几个规则的孕囊液性暗区，在暗区内可见胎体所反射的较强回声，及显像明亮的胎斑，可判定已妊娠。

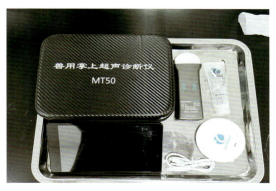

图4-14　兽用超声波诊断仪

三、配种公羊饲养管理技术

配种期公羊（图4-15）需保持体况健壮、膘情良好。干物质日摄入量应占体重的3.5%，其中精料占35%、粗料占65%，每日投料2～3次，每天每只喂1～2枚鸡蛋。每日配种2次，自由运动4～6h。非配种期保持中等体况，干物质日摄入量应占体重的3.0%，其中精料占30%、粗料占70%，每日投料2～3次，自由运动4～6h。杜绝饲喂霉变饲料、冰冻青贮料、未经脱毒处理的棉籽饼、菜籽饼等含毒素饲料。

图4-15　配种期公羊

四、空怀母羊饲养管理技术

空怀母羊保持中等体况，干物质日摄入量占体重的3.0%，其中精料占30%、粗料占70%，每日投料2～3次，自由运动4～6h。

五、妊娠母羊的饲养技术

1. 妊娠期饲养　妊娠前期母羊应保持中等体况，干物质日摄入量占体重的3.2%，其中精料占35%、粗料占65%，每日投料2～3次，自由运动4～6h。妊娠后期保持良好体况，干物质日摄入量占体重的3.5%，其中精料占35%、粗料占65%，青贮料不超过粗料的35%，每日投料2～3次，自由运动4～6h。母羊日粮中应富含维生素AD_3、维生素B_2和维生素E，杜绝饲喂霉变、冰冻饲料。

2. 妊娠期保胎护产　严寒季节加强防寒保暖工作，关严门窗，用帆布或草帘、油纸、油布等材料将门窗遮严。炎热夏季打开风机、水帘防暑降温，敞开门窗，保持通风良好；进出圈舍要避免羊群拥挤、过急驱赶，避免噪声和惊吓；妊娠前期，在母羊日粮中适量补充微量元素添加剂；妊娠3.5～4个月注射羊快疫、羊猝狙、羔羊痢疾、肠毒血症三联四防灭活疫苗、亚硒酸钠维生素E和右旋糖酐铁，静脉注射或口服葡萄糖酸钙1～2次；有流产病史的妊娠母羊在妊娠2个月后注射黄体酮，有流产先兆的妊娠母羊立即注射黄体酮或服用中药保胎药物。图4-16为妊娠母羊中后期乳房表现。

图4-16　妊娠母羊中后期乳房表现

六、哺乳母羊的饲养技术

哺乳母羊应保持中等体况，干物质日摄入量占体重的4.5%，其中精料占35%、粗料占65%，每日投料2～3次，自由运动4～6h。哺乳前期可喂少量轻泻性饲料促进恶露排出，如在温水中加入少量麸皮。对恶露不尽的，可肌内注射缩宫素。产羔3d后，给母羊饲喂优质青干草和青贮多汁饲料，促进母羊泌乳机能。保证充足饮水，羊舍保持清洁卫生，定期消毒，保证哺乳卫生，防止病原微生物侵入而引发羔羊痢疾和肠胃炎。

七、育羔技术

（一）接羔技术

1. 接产前准备　对哺乳舍内环境和设备进行全面消毒，舍内产房要铺上干燥的垫草，并注意随时加铺或更换，以保持干燥的环境和适宜的温度，温度控制在17～26℃为宜。准备好剪刀、毛巾、消毒水、消毒纱布、脱脂棉、体重秤和照明设备等接产物品。

2. 临产母羊的判定　查阅配种记录，南江黄羊妊娠期平均148d，判断预产期。临床观察到母羊有乳房胀大、乳头直立变大、可挤出少量清亮的胶状液体和少量初乳，阴门肿胀、潮红、柔软红润、有时流出浓稠黏液，骨盆部韧带变松软、肷窝下陷、食欲不振、排尿次数增多、起卧不安、不时回顾腹部、喜离群或卧墙角、卧地时两后肢向后伸直等表现，判定为临产。临产母羊产前1周入产房，让母羊熟悉环境，方便观察接产。

3. 顺产接产　胎头已露出阴户外，若羊膜未破，撕破羊膜，排出羊水。人工清理羔羊口鼻黏液，身上黏液可让母羊自行舔干。对羔羊未自动断脐的及时人工断脐并消毒，脐带应距羔羊腹部3～5cm。称好初生重，做好记录。

4. 难产助产　母羊存在体弱、骨盆较窄、羔羊体大、胎位不正等情况时，助产人员一手扶胎儿头，随母羊努责将胎儿顺着产道斜向下方轻缓拉出。

（二）初生羔羊饲养管理技术

1. 初生羔羊的饲养　母羊分娩完毕，用温热消毒水清洗乳房并擦干，挤出陈乳，保证羔羊产后2h内吃上初乳（图4-17）。冬季将初生羔羊送入保育箱或产羔栏。母羊产多羔或母乳不足时，可将羔羊寄养到保姆羊处，保姆羊为产单羔且乳汁多的母羊或所产羔羊死亡的母羊。寄养方法：将保姆羊的胎衣或乳汁涂擦在被寄养羔羊的臀部或尾根，或将羔羊的尿液涂抹在保姆羊的鼻部。

2. 初生羔羊的管理　一要防止冬季羔羊受冻，加厚垫草或加设电热板、烤灯，使育羔房温度保持在16℃以上；二要预防羔羊挤压，将羔羊单独关喂在产羔栏；三要预防羔羊发病，勤换垫草，保持羊舍干燥，防止发生羔羊痢疾。在羔羊吃过初乳后24h内注射预防羔羊痢疾的疫苗。

图4-17　初乳

（三）哺乳羔羊饲养管理技术

哺乳羔羊应每天哺乳3次以上，饮用温开水，自由活动4～6h。舍内搞好环境卫生，每周消毒2次，常用消毒液有0.5%过氧乙酸溶液、双链季铵盐、3%来苏儿溶液、20%漂白粉溶液、石灰乳（生石灰＋水制成10%～20%的浓度）。对哺乳羔羊应做到：第一早补饲，2周龄饲喂羔羊料，母乳不足的饲喂代乳料。第二早驱虫，30日龄和60日龄体内各驱虫1次。第三早免疫，7日龄口唇黏膜注射山羊传染性脓疱皮炎灭活疫苗，20日龄皮下注射山羊传染性胸膜肺炎灭活疫苗，40日龄皮下或肌内注射羊梭菌病三联四防灭活疫苗，70日龄加强1次。

八、规模化养殖高效繁殖技术

按照整批生产、整批出栏的思路，采用同期发情、人工授精、缩短产羔间隔等技术，提高繁殖成绩。

（一）制订合理的繁殖指标

根据羊场饲养水平、羊群结构、饲养规模、技术水平等综合因素科学制订繁殖指标（表4-1）。

表4-1　繁殖性能指标

指标名称	单位	目标值	优秀	良好	较差
产羔间隔	d	210	≤210	210～240	≥240
产后参配时间	d	60	≤60	60～75	≥75
产后60～75d参配率	%	95	≥95	90～95	≤90
繁殖障碍淘汰率	%	3	≤3	3～5	≥5
胎平均产羔率	%	210	≥210	195～210	≤240
情期配准率	%	95	≥95	90～95	≤90
能繁母羊年产胎次	胎	1.7	≥1.7	1.5～1.7	≤1.5
繁殖成活率（断奶羔羊占繁殖母羊数）	%	300	≥300	250～300	≤250

（二）制订繁殖目标考核办法

1. 制订目标任务　根据各场实际，按表4-1合理制订繁殖年度目标任务，一般按不低于良好水平制订目标任务，特别是繁殖成活率作为最终考核目标，即能繁母羊只平均断奶活羔数。以2 000只能繁母羊的规模场为例，按表4-1中良好指标（能繁母羊年产胎次1.5胎）作为计划指标，其繁殖目标任务如下：

（1）全年配种计划

全年分娩胎数：2 000只×1.5胎/只＝3 000胎

按每20d一个批次，全年共18个批次（因母羊发情周期19～21d，若未配准，未配准的母羊转入下一批次），每批次配准数：3 000胎/18＝167胎，按80%配准率，每批次参配母羊数167/80%＝208只。

（2）全年断奶羔羊数

2 000只×1.5胎×200%×90%＝5 400只。

2. 落实岗位责任　将繁殖过程中每个环节的具体指标和技术措施（包括发情鉴定、同期发情、适时输精、妊娠诊断、羔羊护理和培育、记录记载等）落实到每个人，包括技术岗和饲养岗位人员。

3. 建立激励机制　建立基础加考核绩效方式，建立奖惩激励机制，制订考核细则。特别要注重平时考核情况，发现有难以完成的目标任务，及时采取措施进行补救，防止年底才发现完不成任务而无法补救的情况发生。

九、繁殖情况记录记载

繁殖记录主要包括发情鉴定（同期发情）、配种（人工授精）、返情母羊鉴定、妊娠诊断、分娩产羔（包括活羔、死羔及流产、早产等）、繁殖疾病监控与治疗情况等记录记载（表4-2、表4-3）。通过详细记录记载，及时分析总结影响繁殖成绩的问题，以便及时制订繁殖技术和管理措施，提高繁殖成绩。种羊场工作人员要保证系谱清楚、生产（育种）档案资料齐备。

表4-2　配种及产羔记录

序号	繁殖母羊				配种公羊			配种		产羔						育羔									选留	备注
	羊号	胎次	年龄	等级	羊号	年龄	等级	日期	预产期	出生日期	产羔序	性别	胎	初生重(kg)	羊号	2月龄				断奶		外貌	等级			
																体重(kg)	体长(cm)	体高(cm)	胸围(cm)	日期	体重(kg)					
											1															
											2															
											3															
											小计															
											1															
											2															
											3															
											小计															
											1															
											2															
											3															
											小计															
											小计															

表4-3 断奶羔羊清册及生长发育记录

序号	羊号	性别	出生日期	初生重（kg）	断奶重（kg）	来源	月龄	测定日期	外貌特征	生长发育											个体等级	卡片册页	备注
										体重（kg）	体长（cm）	体高（cm）	胸围（cm）	胸深（cm）	胸宽（cm）	腹深（cm）	腓骨宽（cm）	荐宽（cm）	管围（cm）	尻长（cm）			

第五章
快速育肥技术

一、断奶羔羊饲养管理技术

羔羊达2月龄、体重达10kg以上即可断奶，测定体重和体尺并做好记录，对非留种羔羊进行去势。断奶羔羊按公母分别转入保育舍，在保育舍内饲养2个月。

1. 断奶标准　年龄达到2月龄、体重达10kg以上的羔羊方可断奶，过早断奶会影响羔羊生长发育，过晚断奶会延迟母羊发情配种、延长产羔间隔、减少母羊繁殖胎次。

2. 饲养期限　断奶羔羊饲养期为2个月（年龄至4月龄）。

3. 主要饲料　包括羔羊代乳料、羔羊精混料、优质干草和鲜草及其他饲料。

4. 饲养方法　对哺乳期使用代乳料的羔羊，断奶后1周内保持原补喂量，1周之后逐渐减少代乳料的饲喂次数和饲喂量，至15d停饲代乳料。羔羊断奶1个月内，干物质日摄入量占体重的3.8%，其中精占40%、粗料占60%，精混料按表3-1中断奶羔羊配方配制，粗料采用优质青干草和鲜草，每日投料2～3次。1个月后，粗料以优质干草和鲜草为主，辅以青贮料和农作物秸秆及副产物。

例如：体重15kg的断奶羔羊，按体重的3.8%计，需干物质0.57kg；按精粗料比4：6计，精料干物质0.23kg、粗料干物质0.34kg，精料平均水分含量预计12%，所需精混料0.26kg；按粗料中干草和鲜草干物质各占一半计算，干草和鲜草的干物质各为0.17kg，干草和鲜草的水分含量分别预计为14%、85%，所需干草和鲜草分别为0.20kg、1.13kg。

二、后备母羊饲养管理技术

1. **分群分圈** 断奶羔羊经过2个月的保育期饲养后，鉴定符合种用或生产用的母羊，另群或分圈分栏饲养，分栏时最好原来同栏的羔羊分在一起。鉴定不符合种用或生产用的母羊进入育肥群分圈分栏饲养至出栏。

2. **饲养时间及转群** 种用或生产用的母羊后备期饲养时间为4个月以上，年龄达到8月龄、体重达到25kg以上，有繁殖能力的母羊进入繁殖群，无繁殖能力的进入育肥群。

3. **饲养技术** 饲养期内干物质日摄入量占体重的3.5%，其中精料占30%、粗料占70%，精混料按表3-1中后备羊配方配制，粗料以青贮料和农作物秸秆及副产物为主，辅以优质干草和鲜草，每日投料2～3次。

例如：体重20kg的后备母羊，按体重的3.5%计，需干物质0.7kg；精粗比按3：7计，需精料干物质0.21kg、粗料干物质0.49kg，精料平均水分含量预计12%，所需精混料0.24kg；按粗料中干草和鲜草干物质各占一半计算，干草和鲜草的干物质各为0.25kg，干草和鲜草的水分含量分别预计为14%、85%，所需干草和鲜草分别为0.28kg、1.63kg。所以，体重20kg的后备母羊，需精混料0.24kg、干草0.28kg、鲜草1.63kg。

三、后备公羊饲养管理技术

1. **分群分圈** 将有种用价值的公羊实行另圈或另栏饲养，按照同源性（分栏时最好将原来同栏的羔羊分在一起）、体重和体质趋于一致的原则进行分栏饲养管理。

2. 饲养时间及转群　后备公羊培育期为8个月，年龄达到12月龄、体重达到35kg以上可参加初配，不符合种用标准的后备公羊转入育肥群。

3. 饲养技术　饲养期内干物质日摄入量占体重的3.5%，其中精料占30%、粗料占70%，精混料按表3-1中后备羊配方配制，粗料以青贮料和农作物秸秆及副产物为主，辅以优质干草和鲜草，每日投料2～3次。

四、肉羊育肥技术

1. 育肥群组建　肉羊来源于断奶、后备群中不能做种用的羊和繁殖群中淘汰羊，来源于同批次或年龄、体重相近的羊实行分圈分栏饲养。

2. 饲养技术　淘汰的种公羊进行去势，对繁殖群中淘汰羊在育肥前半个月进行驱虫和药浴。伊维菌素注射液和氯氰碘柳胺钠注射液混合使用驱杀体内外寄生虫，在夏秋季用螨净等药物药浴驱杀体外寄生虫。饲养期内干物质日摄入量占体重的3.6%，其中精料占40%、粗料占60%，精混料按表3-1中育成羊饲料配方配制，粗料以青贮料和农作物秸秆及副产物为主，每日投料2～3次。

3. 适时出栏　从断奶、后备群中转入的羊只，体重达到35kg左右即可出栏。为降低冬季存栏量，在严寒季节来临前可适当降低出栏体重，繁殖群中淘汰羊育肥2个月左右出栏。使用过药物的羊只必须休药期满才可出栏。

第六章
疾病防治技术

一、疫病综合防制技术

（一）疫病监测、控制和扑灭技术

1. 疫病监测

（1）监测病种　口蹄疫、羊痘、小反刍兽疫、布鲁氏菌病等。

（2）检测方法　采用临床和实验室相结合的方法进行检测，运用ELISA、PCR、血液凝集试验等方法进行血清学和病原学检测。

（3）监测评估　接种疫苗的传染病病种经检测抗体合格率达70%以上，其中检测口蹄疫羊群免疫抗体合格率≥80%、羊痘免疫抗体合格率≥90%才合格，布鲁氏菌病非免疫羊场抗体阴性、病原检测阴性才合格。若监测发现有口蹄疫、羊痘、小反刍兽疫、布鲁氏菌病等传染病，按国家相关规定及时上报，并采取紧急防控措施。

2. 疫病控制和扑灭

（1）确诊发生一类传染病时，应配合当地动物卫生监督机构，立即采取封锁和扑灭、无害化处理、紧急免疫接种措施，对羊场进行彻底的清洗消毒。

（2）确诊发生二类传染病时，对羊群进行隔离、扑杀、无害化处理、净化、紧急免疫接种等措施，然后对羊场进行彻底的清洗消毒。

（3）发生疫病后，病死羊、淘汰羊、胎儿、胎衣、分泌物等做无害化处理，随后立即对羊舍墙壁、地面、食槽、水槽、运动场、饲喂用具及周边环境用2%氢氧化钠溶液喷洒消毒，根据疫病种类确定消毒频次。

（二）无害化处理技术

1. 病死羊处理　病死羊必须坚持"五不一处理"原则，即不宰杀、不贩运、不买卖、不丢弃、不食用，进行焚烧、深埋或委托第三方机构无害化处理。无害化处理后，必须彻底对圈舍、用具、道路进行消毒，防止病原传播。用生石灰加水配成10%～20%石灰乳或1%～2%的氢氧化钠溶液，对被细菌、病毒污染的圈舍、地面和用具进行消毒。

2. 废弃物处理　对污染的饲料、排泄物和杂物等应焚烧销毁或喷洒消毒剂后与尸体共同深埋；污水引入污水处理池，加入漂白粉（或生石灰）进行消毒，一般每升污水用2～5g漂白粉；粪便采用生物热处理法，将粪便堆积在干粪棚密封发酵。

（三）消毒技术

1. 消毒制度　每天检查消毒池内消毒液的浓度是否达到要求，不足的及时更换，每周更换1次消毒药物，确保有效的消毒浓度和剂量，保证消杀效果；每周对圈舍、场地及周围环境清扫后消毒1次，产房在产羔前1周及产羔结束后进行1次彻底清扫消毒；每周对兽医防疫器械、养殖器具等用具消毒2次，消毒后用清水冲洗干净；对病羊接触过的环境进行彻底消毒，每天对有患病羊的隔离舍消毒1次；每周对场内污水池、排粪口、下水道出口消毒1次；每周对工作服、鞋、帽等清洗消毒2次；坚持整进整出原则，每栋羊舍每年空置1个月，空置期间每周消毒1次。按规定做好消毒记录。图6-1为车辆消毒池，图6-2为生产区入口消毒室，图6-3为栋舍间消毒池，图6-4为人员消毒设备。

图6-1　车辆消毒池

图6-2　生产区入口消毒室

图6-3　栋舍间消毒池

图6-4　人员消毒设备

2. 消毒药物　常用消毒药物及使用方法见表6-1。

3. 人员消毒方法

（1）入场人员必须登记和消毒，经过消毒通道消毒后才能入场。

（2）生产人员进入生产区应穿戴工作帽、工作服和工作鞋。

（3）外来人员严禁进入生产区。

（4）进入羊舍的人员必须脚踏消毒池，用消毒盆洗手。

4. 车辆消毒　进入羊场的车辆都必须登记和彻底消毒，随车人员经人行消毒通道消毒后方能进场。

表6-1　常用消毒药物及使用方法

药物名称	使用浓度	适用范围
生石灰（氧化钙）	10%～20%石灰乳液	刷拭圈舍墙壁，地面铺洒消毒
烧碱（氢氧化钠）	2%溶液	棚圈、场地、用具和车辆消毒
	2%～3%溶液	羊舍出入口消毒
	3%～5%溶液	消毒被炭疽芽孢污染的地面
过氧乙酸	0.3%～0.5%溶液	羊舍、食槽、墙壁、通道和车辆喷雾消毒
复合酚	100～300倍液	消毒畜舍、场地、污物
季铵盐类	0.01%溶液	饮水消毒
	0.03%溶液	羊只消毒
	0.1%溶液	羊舍、器具表面消毒
次氯酸钠	0.05%～0.2%溶液	羊舍和各种器具表面消毒及羊体消毒
漂白粉	每立方米水加4～8g漂白粉	饮水消毒
	每立方米水加8g以上漂白粉	污水池
碘制剂	1：200～1：400倍稀释	饮水及饮水工具消毒
	1：100倍稀释	饲养用具消毒
	1：60～1：100倍稀释	羊舍喷雾消毒

5. 场舍消毒　对场舍进行清扫后，采用喷雾、泼洒或铺洒的方式进行消毒（图6-5至图6-7）。根据疫情流行季节及受周围疫情威胁程度可临时增加场地消毒频率。圈舍消毒时做到消毒无死角。

（四）日常管理技术

1. 坚持自繁自养　防止外源性病原侵入。科学制订选种选配方案，尽量选场内自育种公羊，更新所需的种母羊。若确需从外引种，必须严格检疫、隔离、免疫，达到入群要求时才能合群饲养。

图6-5 喷洒消毒

图6-6 泼洒消毒

图6-7 生石灰铺洒消毒

2. 保证营养均衡供应 定期检测饲料品质，不喂霉变、过期、冰冻饲料。按照南江黄羊的营养需求，针对不同类型羊群制订合理的日粮搭配方案，并科学调制全日粮饲料，按需饲喂，同时供应充足洁净的饮水，保障羊只体况良好，提高免疫力，增强抵抗力。

3. 保障环境卫生 定期对饲料槽、饮水槽及其他用具进行清洗，防止羊只进入草料储存间和料槽造成污染；每天对饲喂通道、羊床、运动场及场内道路等场所清扫1次；每天将粪便运到羊粪处理设施处进行处理；保持舍内清洁干燥，场内垃圾堆放到指定处理场所。选用对畜禽无毒害的杀虫剂定期灭蚊蝇。场内禁止饲养羊只以外的畜禽，并设置防护设施（如围墙、铁丝网、捕鼠器等），防止其他动物进入。

4. 勤于观察羊只 每天巡场至少2次，仔细观察羊只精神状态、体况、步态、被毛、采食、呼吸、粪便、尿液等是否正常，若有异常及时诊疗。

（五）驱虫技术

1. 驱虫药物的选择 根据本地区寄生虫病的发生情况与危害程度，选择高效、广谱、低毒的驱虫药物。同一种药物不宜长时间使用，应定期更换、交替使用，避免产生抗药性。常见驱虫药物及适用范围见表6-2。

表6-2 常用驱虫药物及适用范围

药物名称	适用范围	使用方法 （具体使用参照药品说明书）
阿苯达唑	用于驱杀常见的胃肠道线虫、肺线虫、肝片吸虫、绦虫；对某些线虫的幼虫有驱杀作用；对虫卵孵化有抑制作用；对虱、螨等体表节肢寄生虫有效	拌料，口服
左旋咪唑	主要用于驱杀畜禽的消化道线虫和肺线虫	拌料、口服、肌内或皮下注射等给药均可，不同给药途径驱虫效果相同
丙硫咪唑	对羊群常见绦虫、肝片吸虫、肺线虫和胃肠道线虫均有效	口服
伊维菌素	对线虫、蛔虫、结节虫、鞭虫、肺丝虫等成虫以及部分幼虫具有良好的驱杀效果；对螨、蜱虫、虱、蚤、蝇等体外寄生虫有很好的杀灭作用；对虫卵无效	皮下注射或口服，不良反应和毒性很小
氯硝柳胺	对于各种绦虫的童虫、幼虫、成虫都有作用，对虫卵无效；对各种吸虫有驱虫作用，主要驱杀前后盘吸虫	口服
氯氰碘柳胺钠	对羊片形吸虫、捻转血矛线虫及某些节肢动物均有驱除活性，对多数胃肠道线虫，如仰口线虫、食道口线虫，均有驱杀效果，对前后盘吸虫无效	皮下或肌内注射
螨净	用于驱杀螨、蜱虫、虱、蚤、蝇等体外寄生虫	体表喷洒，药浴

2. 驱虫方法　每季度对羊只进行体内外驱虫一次。驱虫时严格按照说明书的剂量和方法进行使用。每年5月份和9月份对全群羊只各进行1次药浴，药浴宜选择晴朗且温度适宜的天气。

3. 驱虫注意事项　驱虫时先做小群试验，无不良反应后方可进行大群驱虫。驱虫前后2h内不宜饲喂，驱虫后可饲喂健胃散提升羊只食欲。药浴前，安排羊只饮水，避免其在药浴池中饮水。检查羊只情况，体表有伤口的羊只及重胎母羊禁止药浴，健康羊只与病羊分开药浴，避免交叉感染。病羊应治愈后再驱虫，不可随意加大给药量。

（六）免疫技术

1. 免疫病种与程序 给羊只接种疫苗是最常见的疾病预防手段，能够激发机体对某种传染病产生特异性抵抗力，使其从易感转为不易感。在某种传染病的流行地区或存在感染风险的地区，有计划地对健康羊群进行免疫接种，是预防和控制羊传染病的重要措施之一。地区不同，可能发生的传染病也不同，因此，需要结合本地的发病情况合理安排疫苗种类、免疫次数和间隔的时间。在南江黄羊的舍饲养殖中，常见的免疫病种及免疫程序如下：

（1）羊快疫、羊猝狙、羔羊痢疾、羊肠毒血症 每年2月底到3月初和9月下旬，用羊三联四防灭活疫苗对所有羊进行预防接种，肌内或皮下注射，免疫剂量按说明书要求使用。新生羔羊在出生后1～2周用羊三联四防灭活疫苗免疫注射1次，间隔6个月后再免疫1次。免疫期半年。

（2）羊痘 每年3—4月用羊痘鸡胚化弱毒苗对所有羊进行预防接种，皮内注射，免疫剂量按说明书要求使用，免疫期1年。

（3）小反刍兽疫 新生羔羊1月龄以后免疫1次，超过3年免疫保护期的羊加强免疫1次，颈部皮下注射，免疫剂量按说明书要求使用，免疫期3年。

（4）羊传染性胸膜肺炎 每年3—4月用山羊传染性胸膜肺炎氢氧化铝菌苗对所有羊只进行预防接种，颈部肌内或皮下注射，免疫剂量按说明书要求使用，免疫期1年。

（5）羊口疮 每年3月和9月，用羊口疮弱毒细胞冻干疫苗对所有羊进行预防接种，口腔黏膜免疫，免疫剂量按说明书要求使用，免疫期半年。

（6）口蹄疫 每年春季（母羊产后1个月，羔羊出生1个月后）和秋季（母羊配种前），用口蹄疫疫苗对所有羊只进行预防接种，肌内注射，免疫剂量按说明书要求使用，免疫期半年。

2. 免疫注意事项

（1）注意疫苗的保存条件，免疫前检查疫苗是否超过保质期，有无裂纹或者变质，禁止使用性状改变的疫苗进行免疫。

（2）注射疫苗时应严格按照疫苗说明书规定的剂量和方法进行免疫接种，不得随意改变。不同的疫苗接种途径不同，如肌内注射、皮下注射、滴鼻、点眼、口服等，要确保接种途径正确。

（3）接种前对注射器械进行充分灭菌，接种时，对注射部位进行消毒，做到一羊一针头，避免交叉感染。

（4）接种后及时对注射器械进行灭菌，疫苗瓶等废弃物集中进行无害化处理。

（5）注射疫苗后密切观察羊群情况，如果有羊过敏，轻度过敏一般不需要治疗，将羊置于干燥通风处使其自行缓解即可。过敏反应严重时，应及时注射肾上腺素、苯海拉明或地塞米松等药物。

（6）两种疫苗接种时间应至少间隔1周。

（7）做好场内羊只免疫记录，确保记录准确真实。

（七）记录

羊场应建立舍饲南江黄羊羊群疫病防控技术档案，所有记录应在清群后保存2年以上，种羊记录应长期保存。

1. 诊疗记录　做好诊疗记录并归档保存，其内容包括：发病与诊疗时间、发病羊号、性别、症状、诊断结果、用药情况、诊疗人员等，记录样表见表6-3。

表6-3　诊疗记录样表

时间	发病羊号	性别	症状	诊断结果	用药情况	诊疗人员	备注

2. 消毒记录　做好消毒情况记录并归档保存，场所消毒内容包括：消毒日期、消毒场所、消毒药名称、用药剂量、消毒方法、消毒人员等，车辆消毒内容包括：消毒日期、车牌号、运输货物名称、消毒方式、消毒人员等，记录样表见表6-4、表6-5。

表6-4　场所消毒记录样表

日期	消毒场所	消毒药名称	用药剂量	消毒方法	操作员签字

表6-5　车辆消毒记录样表

日期	车牌号	运输货物名称	消毒方式	消毒人员	备注

3. **免疫记录**　做好免疫记录并归档保存，其内容包括：免疫日期、免疫数量、羊号、疫苗名称、疫苗批次、疫苗厂家等，记录样表见表6-6。

表6-6　免疫记录样表

日期	免疫数量	羊号	疫苗名称	疫苗批次	疫苗厂家	免疫方式	免疫人员	备注

4. **疫病监测记录**　做好疫病监测记录并归档保存，其内容包括：采样日期、采样数量、检测项目、检测单位、检测结果、处理情况等，记录样表见表6-7。

表6-7　疫病监测记录样表

采样日期	采样数量	检测项目	检测单位	检测结果			处理情况	备注
				阴性	阳性	抗体效价		

5. 病死羊无害化处理记录　无害化处理过程必须在驻场兽医和当地卫生监督机构的监督下进行，并认真对无害化处理的羊只数量、羊号、性别、体重、死因及处理方法等做详细的记录。由处理人和驻场责任兽医共同签字，并对处理结果负责，记录样表见表6-8。

表6-8　病死羊无害化处理记录

日期	数量	羊号	性别	体重	死因	处理方法	备注

二、常见疾病临床诊疗技术

（一）常见传染病防治

1. 羊口蹄疫

（1）临床症状　病羊初期体温升高，食欲降低，反刍缓慢，精神委顿、闭口、流涎，开口时有吸吮声。口、鼻、蹄和母畜乳头等无毛或少毛部位发生水疱，山羊水疱多见于口腔。水疱经1～2d自行破裂，形成烂斑。如果无其他感染，烂斑在1～2周内可自愈。水疱破裂后，一般体温下降，全身症状也随之减轻。妊娠羊患病时常发生流产。

（2）处理方法　一旦发生疑似病例，及时上报当地动物卫生监督主管部门。羊口蹄疫病例确诊后，使用过氧乙酸、氢氧化钠等酸、碱类消毒剂对羊只活动场地、圈舍、食槽等设施进行彻底消毒。

（3）预防措施　接种疫苗，加强饲养管理，严禁从疫区引入羊及相关产品，引入羊必须严格检疫，隔离后再混群饲养。

2. 羊布鲁氏菌病

（1）临床症状　流产是该病的主要症状，多发生在妊娠后3～4个月。流产后多伴有胎衣不下或子宫内膜炎，且屡配不孕。有的患病羊发生关节炎和滑液囊炎而致跛行，少数病羊发生角膜炎和支气管炎。公羊发生该病时，睾丸肿大，后期睾丸萎缩。

（2）防治措施　坚持自繁自养，不从疫区引羊，只能从非疫区引进，而且要做到只只检测，全部呈阴性方可引进。平时加强监测，一旦监测呈阳性，应及时上报兽医主管部门并净化处理，流产胎儿、胎衣、羊水和产道分泌物要做无害化处理，然后对被污染的用具和场地用10%～20%石灰乳、2%氢氧化钠溶液等进行彻底消毒，空场半年。做好场内工作人员安全防护，定期健康检测。

3. 小反刍兽疫

（1）临床症状　一些感染山羊的唇部形成口疮样病变，急性型体温可上升至41℃，并持续3～5d。感染动物烦躁不安，背毛无光，口鼻干燥，食欲减退。流黏性脓性鼻液，呼出恶臭气体。在发热的前4d，口腔黏膜充血，颊黏膜受损，导致多涎，随后出现坏死性病灶，开始口腔黏膜出现小的粗糙的红色浅表坏死病灶，后变成粉红色，感染部位包括下唇、下齿龈等处。严重病例在齿垫、腭、颊部及乳头、舌头等处也可见坏死病灶。后期出现带血水样腹泻，严重脱水，消瘦，随之体温下降，出现咳嗽、呼吸异常。

（2）处理方法　发现疑似疫情时，及时上报当地兽医主管部门。对染病羊及同群羊先集中隔离，确诊后对其进行集中扑杀并做无害化处理，对场区进行彻底消毒，对受威胁区的动物进行紧急预防接种。

（3）预防措施 禁止从小反刍兽疫疫区引入山羊及其相关产品。加强预防接种，确保免疫密度达到100%，免疫抗体合格率达到70%以上。

4. 羊肠毒血症

（1）临床症状 本病多呈急性经过。病程较缓慢的病羊表现离群呆立或卧地，体温不高，口吐白沫，有时磨牙，角弓反张，眼结膜苍白，全身肌肉抽搐，腹泻，粪便呈暗黑色，混有黏液或血液。有的病羊有食毛癖，濒死前可见转圈或步态不稳，呼吸困难，倒地后呈四肢划水状，颈向后弯曲，继而昏迷或呻吟，最后衰竭死亡，死后腹部膨大。急性病例从发病到死亡仅1～3h，病情缓慢的延至1～3d后死亡。

（2）防治措施 每年春季（3—4月）和秋季（9—10月）注射羊三联四防灭活疫苗。对于已发病的羊群，全部紧急接种羊三联四防灭活疫苗。对于有症状的羊只，每只羊肌内注射160万IU青霉素2支，每日2次，连用3d。

5. 羊传染性脓疱病

（1）临床症状 病羊先在口角、上唇或鼻镜上出现分散的小红斑，逐渐变为丘疹和小结节，继而成为水疱或脓疱，破溃后结成黄色或棕色的疣状硬痂。

严重病例，患部继续发生丘疹、水疱、脓疱、痂垢，并互相融合，波及整个口唇周围及眼睑等部位，形成大面积龟裂、易出血的痂垢，整个嘴唇肿大外翻，呈桑葚状隆起。病羊口腔黏膜受损害，口唇内面、齿龈、舌及软腭黏膜上出现水疱，易继发为口腔溃疡。图6-8为羊传染性脓疱病。

图6-8 羊传染性脓疱病

（2）防治措施 接种口疮疫苗，对发病羊除去痂垢后用0.1%高锰酸钾溶液冲洗创面，然后涂2%龙胆紫、碘甘油溶液或土霉素软膏，每日1～2次，至痊愈。若有继发细菌感染，可肌内注射青霉素钾，每千克体重2万～3万U，每日1次，连用3d。

6. 传染性胸膜肺炎

（1）临床症状　本病多呈急性经过，病羊发病初期体温高达41℃以上，精神委顿，离群呆立，被毛松乱无光泽，呼吸困难，有浆液性或脓性鼻液，呈铁锈色。眼结膜发炎，眼睑肿胀，流浆液性眼泪。胸壁敏感。有的口腔发生溃烂，唇、乳房皮肤出现疹块，孕羊流产或死胎，濒死羊体温降至常温以下。图6-9为胸膜肺炎浆液性鼻液。

图6-9　胸膜肺炎浆液性鼻液

（2）防治措施　每年用山羊传染性胸膜肺炎氢氧化铝疫苗进行预防注射。对发病羊使用2%恩诺沙星注射液，1次量按每20kg体重肌内注射2.5mL，每日2次，连续注射2～3d即愈。或使用长效盐酸土霉素注射液0.2g/kg，肌内注射，2d1次，连用3次。或使用氟苯尼考注射液10～20mg/kg，肌内注射，2d1次，连用3次。

7. 传染性角膜炎、结膜炎

（1）临床症状　病羊先是单侧眼睛患病，然后波及另一侧。病初眼睛流泪、疼痛、眼睑半闭，眼内角流出多量浆液性或黏液性分泌物，以后可转变成脓性分泌物。上下眼睑肿胀，结膜潮红，甚至有出血斑点（图6-10）。随着病情发展，炎症可蔓

图6-10　病羊眼角有大量黏液性
分泌物，结膜发红

延到角膜和虹膜，在角膜边缘形成红色充血袋，角膜上出现白色或灰色斑点或灰蓝色云翳（图6-11）。严重者形成溃疡或角膜瘢痕。有时全眼球组织受到侵害，眼前房积脓或角膜破裂，晶状体可能脱落，造成永久性失明。

图6-11　病羊后期眼角膜受损

（2）防治措施　保持圈舍清洁干燥、通风透光、合理的养殖密度，热天定期驱杀蚊蝇，及时清理圈舍中的粪便和污染物。病羊使用4%硼酸水冲洗病眼，每日3次，痊愈为止。或用生理盐水冲洗眼部后，用红霉素、新霉素、氧氟沙星等眼药点眼，每日3次，痊愈为止。

8.羔羊痢疾

（1）临床症状　病初患病羔羊精神委顿，低头拱背，不想吃奶。不久就发生腹泻，粪便恶臭，有的稠如面糊，有的稀薄如水。后期有的粪便含有血液，直至成为血便。病羔逐渐虚弱，卧地不起。若不及时治疗，常在1～2d内死亡。病羔以神经症状为主者，四肢瘫软，卧地不起，呼吸急促，口流白沫，最后昏迷，头往后仰，体温降至常温以下，常在数小时到十几小时内死亡。

（2）防治措施　每年春秋季给母羊和羔羊注射羊三联四防灭活疫苗。病羊可用板蓝根5～15g，煎汤内服，或用板蓝根冲剂1～2包，温开水冲服，每日2～3次，连用2～3d。若有体温升高、全身症状者，可用地塞米松2～3mL，庆大霉素4万～6万U，维生素C 2～4mL，分别肌内注射，每日2次，连用2d。或口服土霉素、庆大霉素各0.125～0.25g，也可再加乳酶生1片，每日2次。腹泻严重者还可辅以兽用蒙脱石散和益生菌，蒙脱石散一次4g加水灌服，每日2次，首次或病羊水样腹泻时可酌情加量使用。

（二）常见寄生虫病防治

1. 羊疥螨病（图6-12）

（1）临床症状　疥螨病一般始于羊被毛短且皮肤柔软部位，如嘴角、唇部、鼻、眼圈、耳根等处。患部毛发脱落、皮肤发炎和脓肿，最后使皮肤变厚、失去弹性，发皱并盖满大量痂片，以头部最为严重。

图6-12　羊疥螨病

（2）防治措施　每年定期给羊只进行药浴。对病羊及时隔离治疗，集中收集并处理病羊剪除的毛发与揭除的痂皮，对治疗器具及治疗所穿衣物进行全面消毒处理。局部治疗可使用螨净兑水外擦患部。全身治疗可皮下注射伊维菌素注射液，每千克体重0.02mL，7d注射1次，连续注射4次。患病严重者还可进行药浴，将病羊患处及周边毛发剪除，以热肥皂水浸润患处痂皮，待其变软后将之揭除，之后将浓度为12.5%的双甲脒乳油和温水按照1∶250的比例混合，置于药浴桶中，将病羊患处浸入15min后取出。

2. 羊前后盘吸虫病（图6-13）

（1）临床症状　病羊精神不振、厌食、消瘦，顽固性腹泻，粪便呈水样、恶臭、混有血液。发病后期，病羊精神萎靡，极度虚弱，眼睑、颌下、胸腹下部水肿，最后衰竭死亡。

图6-13　病羊瘤胃内可见前后盘吸虫成虫

（2）防治措施　定期驱虫，驱虫的次数和时间必须与当地的具体情况及条件相结合。病羊可选用硫双二氯酚：按每千克体重80～100mg，一次灌服，7d一次，连续进行3～4次。或使用硝硫氰醚：按每千克体重35～55mg配制成悬浮液，一次灌服，7d一次，连续进行3～4次。或使用氯硝柳胺：按每千克体重75～80mg，一次灌服，7d一次，连续进行3～4次。

3. 羊肝片吸虫病

（1）临床症状　急性症状常发生于夏末秋初。羊患病初期表现为发热、衰弱、离群，肝区压痛明显，随后出现贫血，黏膜苍白。严重者可在数天内死亡。慢性症状多见于病羊耐过急性期或轻度感染后，在冬、春季转为慢性。病羊主要表现为消瘦、贫血，黏膜苍白，食欲不振，异嗜，被毛粗乱、无光泽、易脱落，步行缓慢；眼睑、颌下、胸下、腹下出现水肿；便秘与下痢交替出现，粪便呈块状或丝状；哺乳母羊患病后泌乳量明显减少，乳汁稀薄，乳质下降。妊娠母羊易发生流产、死胎，即使产下羔羊，其体质比较弱，后期易出现瘫痪等症状，死亡率较高。

（2）防治措施　所有羊只每年在3—4月和10—11月应有两次定期驱虫。养殖区如果疾病发病率较高，还需额外进行一次驱虫工作。急性病例一般在9月下旬幼虫期驱虫，慢性病例一般在10月成虫期驱虫。可选用以下几种驱虫药对其进行驱杀：硫双二氯酚，按每千克体重灌服80mg，间隔7～14d再用药1次。氯硝柳胺，按每千克体重75～80mg，一次灌服，7d一次，连续进行3～4次。

4. 羊消化道线虫病

（1）临床症状　病羊的症状主要为消化功能紊乱、胃肠道发炎、腹泻、消瘦、下痢、眼结膜苍白、贫血等。病情严重者下颌间隙水肿，少数病例体温升高、呼吸加快，最后导致病羊衰弱死亡。羊在严重感染的情况下，可出现不同程度的贫血、消瘦、胃肠炎、下颌间隙及颈胸部水肿。

（2）防治措施　在晚冬或早春（每年2—3月）、秋季（每年8—9月）各驱虫1次。对病羊可选用左旋咪唑：每千克体重5～10mg，溶水灌服，也可配成5%的溶液皮下或肌内注射，间隔15～30d再用药1次。或甲噻嘧啶：每千克体重10mg，口服或拌料喂服，间隔15～30d再用药1次。或丙硫咪唑：每千克体重5～10mg，口服，间隔15～30d再用药1次。或伊维菌素：每千克体重0.1mg，口服，每千克体重0.1～0.2mg，皮下注射，间隔15d再用药1次。

（三）常见中毒性疾病防治

1. 亚硝酸盐中毒

（1）临床症状　急性表现症状：精神沉郁，流涎，呕吐，腹痛，腹泻（偶尔带血），脱水；可视黏膜发绀，呼吸困难，体温基本正常或者偏低，肢体末梢处厥冷；肌肉震颤，步态蹒跚，卧地不起，四肢划动，最终发生强直性全身痉挛。慢性则表现为精神萎靡，反刍停止，前胃弛缓，鼻镜干燥，腹泻，跛行，甲状腺肿大。如果没有及时进行治疗，症状会逐渐加重，最终发生死亡。图6-14为亚硝酸盐中毒急性病例。

图6-14　亚硝酸盐中毒急性病例

（2）防治措施　对叶菜类饲料尽量摊开放置，严禁堆放。受雨淋、变质时要停喂。对青贮料，饲喂前要敞开在空气中暴露一夜为妥。病羊可使用亚甲蓝（美蓝）配成1%溶液，按每千克体重1mg用药，一次静脉注射。必要时在2h后重复用药1次。配合使用维生素C和高渗葡萄糖可提高疗效。无美蓝时，使用维生素C及高渗糖也可达治疗目的。其他对症疗法：如剪尾尖、耳尖或针刺山根穴（鼻尖）放血排毒，还可用泻剂，加速消化道内容物的排出，以减少羊体对亚硝酸盐及其他毒物的吸收，同时进行补氧、强心，解除呼吸困难。

2. 霉变饲料中毒

（1）临床症状　病羊采食严重霉变饲料（如玉米等）3～5d后陆续发病，可表现出精神萎靡，食欲不振，嗜睡，反刍停止。病羊被毛蓬乱失去光泽，四肢无力，磨牙，鼻镜干燥，可视黏膜发黄或者苍白，角膜变得混浊，并伴有间歇性腹痛，部分病羊的颌下、前胸及四肢发生水肿。哺乳母羊中毒后还会导致泌乳量减少或者完全停止，妊娠母羊患病后发生流产；羔羊患病后生活力降低。羊黄曲霉毒素中毒表现为走路不稳、后肢无力、嗜睡等神经症状。

（2）防治措施　青贮和干草料及精料应储存于干燥通风处，并做好防止风吹雨淋措施。如果发现饲草有结块、霉烂现象，则应及早将饲草弃之。发现发病时立即停喂霉变饲料，如果确诊羊是轻微中毒，先换料改变日粮，再在新料中加入0.5%多种维生素即可改善病羊的症状。如果中毒较重，可先用吸附剂如蒙脱石、面粉等给羊灌服；或及时用缓泻剂，如大黄、硫酸镁或硫酸钠等减缓中毒情况，每只病羊可使用30～50g硫酸钠，添加适量水配制成10%溶液灌服，连续使用2次，每次间隔5h，刺激胃肠道尽快排出有毒物质，并辅以补液强心，用10%樟脑磺酸钠注射液5～10mL；或者配合静脉注射5%葡萄糖注射液250～500mL和维生素C注射液5～10mL。为避免出现继发感染，可考虑使用青霉素、链霉素等抗生素进行治疗，禁止使用磺胺类药物。若羔羊出现神经症状，可以增加镇静剂，如盐酸氯丙嗪，按每只羊每千克体重1～3mg，肌内注射。

3. 酸中毒

（1）临床症状

①急性衰竭型酸中毒：体温偏高1℃以下或者正常、口腔黏膜发红或者青白、病羊瘤胃坚实、采食废绝、反刍停止、口腔流涎或有泡沫、不愿卧地、严重的腹痛、后肢踢腹、腹泻、粪便呈酸臭味，内有未消化饲料，一般8～16h内衰竭死亡。稍慢性的表现精神沉郁、低头呆立、眼窝下陷、体温正常或者降低（最低达36℃以下）、视觉障碍、空口咀嚼、触诊瘤胃有波动感或者水声、喜欢饮水、喜卧或者卧地不起、回头顾腹、腹泻伴有酸臭味或者排水样粪便，治疗不及时一般在36h内死亡。

②繁殖障碍型酸中毒：主要发生于繁育母羊群，表现为发情迟缓，受胎率低，妊娠早、中、后期均有流产发生；慢性的在病羊妊娠后期表现早产，产死

胎、弱胎。轻度的流产、死胎、弱胎率占5%～20%，严重的同批次妊娠母羊流产、死胎、弱胎率达30%～45%。同群或者同圈正常产羔母羊产乳量少，无乳、隐性乳房炎发病率高。

③瘫痪型酸中毒：主要发生在羔羊15日龄内，开始吮乳困难、运动失调、似醉酒样，一般3～5h出现瘫痪，体温前期稍高或者正常，中后期体温降低，严重的达到36℃以下；表现为四肢无力，腿呈"八"字形叉开、提起软如面叶（图6-15），口腔流涎、空口咀嚼，眼窝下陷，个别表现角弓反张，

图6-15　母羊瘫痪型酸中毒

如果不及时治疗很快死亡，又称为羔羊软瘫型酸中毒。成年羊多发生于妊娠羊群，特别是妊娠中后期母羊，表现体温正常，开始后肢不能站立，逐渐发展到四肢不能站立。采食量前期降低，后期绝食，听诊瘤胃蠕动音减弱，蠕动次数减少，粪便如牛粪样或者偏软。部分羊场妊娠羊瘫痪率达5%～25%，发病死亡淘汰率约70%。

④肢蹄型酸中毒：主要发生于育肥羊，其他羊群也有发生，表现生长速度慢、发生肢蹄病，病初部分羊蹄部发红、蹄冠轻度肿胀或者正常，喜卧，不明原因跛行，前期四肢关节正常；严重的表现明显蹄叶炎症状；特别严重的关节或者蹄部变形。

⑤生长发育迟缓型酸中毒：多见于羔羊和育肥羊，一般呈群发，有喂青贮饲料或者精料比例过大的病史，表现生长速度慢、日增重不达标、皮毛枯燥、羊群采食量逐渐减少、反刍时间短、羊群喜欢喝碱性水、喜欢吃干草、粪便呈牛粪样，个别发生腹泻，群体羊有散发性不明原因腿痛症状，多为轮流发生，死亡率很低。

⑥乳腺分泌障碍型酸中毒：妊娠母羊产前、产后发生酸中毒，外源性酸中

毒造成母羊乳腺发育不良，产后乳汁少或者乳汁质量差导致羔羊吸吮乳汁后腹泻、无乳，慢性乳房炎或者隐性乳房炎。瘤胃消化紊乱型酸中毒母羊容易发生急、慢性乳房炎或者隐性乳房炎。

（2）防治措施 预防此病的发生要合理搭配草料，尽量减少含酸或者产酸草料的饲喂量，青贮饲料饲喂量不要超过日食草量的30%，苜蓿草饲喂量不要超过日食草量的30%，幼嫩牧草饲喂量不要超过日食草量的60%，不喂含露水或者过夜的青嫩牧草；糟渣类饲料不要超过30%。

①急性衰竭型酸中毒：对发病羊进行洗瘤胃治疗，方法是用温水或者0.5%温小苏打水，反复清洗瘤胃，达到瘤胃内容物洗出60%～80%，可停止洗胃，洗胃同时根据羊体重大小静脉注射25%葡萄糖注射液200～1 000mL、维生素C 10～60mL、庆大霉素注射液10～20mL或者氨苄西林钠2～5g。碳酸氢钠注射液100～500mL，缓慢单独静脉注射。待病情缓解，使用健康羊新鲜瘤胃液500～1 500mL灌服，然后用小苏打10～15g、磺胺片3～5片、健胃散根据说明书灌服或者肌内注射复合维生素B，连用2～3d。

②瘫痪型酸中毒：发生羔羊软瘫型酸中毒时，用大黄苏打片按每千克体重2片、多酶片4～6片/只、土霉素或者阿莫西林胶囊1～2粒，一天1次；25%葡萄糖注射液20～30mL加温灌服，一天3～4次，连用3～4d。特别严重的可以配合用维生素B1、磺胺嘧啶钠注射1次。治疗期间注意做好羔羊保暖工作，并暂时停喂母乳。成年羊发生本病时，首先减少青贮草饲喂量或者停喂青贮草，如果必须用青贮草，可以用青贮草改良剂改善青贮草质量，也可用青绿饲草替代青贮草。由于精料过多引起的酸中毒，应逐步降低精料喂量，饲料中可补充鱼肝油、亚硒酸钠维生素E、维生素B1、烟酸。发病羊可肌内注射亚硒酸钠维生素E注射液5～10mL，3～5d注射1次；维丁胶性钙注射液按2～3倍成年个体剂量，每天最少1次，连续注射5～7d；用肝泰乐片每天2～3g口服或者单独拌料饲喂。特别严重的，静脉注射25%葡萄糖注射液300～500mL、葡萄糖酸钙100～300mL、维生素C 30mL；单独静脉注射碳酸氢钠注射液

50～200mL，每天1次，连续3～5d。必要的时候可以用硫酸锌2g、氧化镁5g、硫酸锰4g、亚硒酸钠维生素E、维生素B₁、烟酸、丹参10g、大黄30g、麦冬20g、陈皮40g、甘草20g粉碎拌料或者对严重的病羊灌服，连用3～5d，可以起到一定的缓解效果。同时，应加强瘫痪羊的护理，防止发生褥疮。

③繁殖障碍型酸中毒：羊群饲喂小苏打氧化镁复合剂，比例是3∶1，添加量是1.0%～1.5%；同时每吨饲料中添加包被蛋氨酸锌1 000～1 500g、维生素B₁ 200g、烟酸300～500g、维生素C 300～500g。

④肢蹄型酸中毒：饲喂小苏打氧化镁复合剂，饲料中添加维生素B₁、烟酸，连用1个月，同时调整草料比例或者粗饲料比例；采用中药秦艽散、茵陈散配合维生素C拌料，连用7～10d，发病较重的病羊可以肌内注射林可霉素、维生素C。跛行严重的羊可以肌内注射磺胺间甲氧嘧啶钠配合萘普生，每天1次；口服醋酸强的松片、维生素B₁至跛行康复。

⑤生长发育迟缓型酸中毒：对发病羊群用健胃散、茵陈散、扶正解毒散配合肝泰乐、烟酸、维生素B₁、小苏打氧化镁复合剂；健胃调整肝脏和胃肠道功能，改善采食量，预防胃肠道疾病的发生。

⑥乳腺分泌障碍型酸中毒：用1%小苏打氧化镁复合剂拌料或者灌服；对少乳和无乳羊，静脉注射碳酸氢钠注射液和25%葡萄糖注射液，口服催乳散、盐酸氯普胺、维生素B₁，治疗5～7d；对发生慢性乳房炎或者隐性羊肌内注射林可霉素、鱼腥草、双花注射液，口服淫羊藿、黄芪、左旋咪唑，热敷病羊乳房；对发生急性乳房炎母羊乳房注射林可霉素、鱼腥草，按药物说明肌内注射氨苄西林钠、阿米卡星、双花注射液。

（四）常见内外产科疾病防治

1. 肺炎

（1）临床症状　临床上，肺炎可分为异物性肺炎、小叶性肺炎和大叶性肺炎。

①异物性肺炎：异物进入气管和肺时强烈刺激气管黏膜和肺组织，病羊表现为精神高度紧张，狂躁不安，咳嗽强烈，呼吸困难，有时可见病羊的鼻孔因剧烈咳嗽而排出异物。当肺内异物过多时，病羊表现为呼吸极度困难，可视黏膜发紫，短时间内死亡。

②小叶性肺炎：疾病初期，有干咳、短咳，之后逐渐变为湿咳、长咳。体温升高明显，呼吸频率增加，排出少量清亮的、黏稠或化脓性鼻液，可视黏膜发紫或潮红（图6-16）。

③大叶性肺炎：持续性高热，体温可高达40℃以上，几天后减退或消失。呼吸急促，鼻孔开张，呼出气体温度较高，病羊久站不卧，呻吟不断，磨牙。可视黏膜潮红或发紫。典型特征是病羊鼻孔流出铁锈色或黄红色的鼻液（图6-17）。

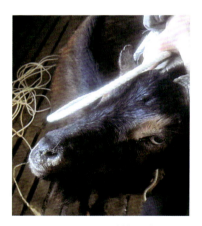
图6-16　小叶性肺炎

图6-17　大叶性肺炎

（2）防治措施　精料与粗料混合时，加适量水防止粉尘或异物被吸入，避免发生异物性肺炎；降温时避免羊只被冷风直吹，出现感冒症状时及时治疗，防止引起大、小叶性肺炎。治疗时可肌内注射青霉素160万～240万IU，丁胺卡那霉素每千克体重5～10mg，每日2次；同时在另一侧肌内注射鱼腥草注射液10mL，每日2次，直至病情痊愈。高热不降的病羊可再肌内注射安乃近或复方氨基比林5～10mL，若4h后体温无明显降低，可再加注1次。在处理异物性肺炎时，还应将病羊保持前低后高姿势，同时注射樟脑制剂或2%盐酸毛果芸香碱，使气管分泌增强，促进异物的排出。

2. 支气管炎

（1）临床症状　临床上分为急性支气管炎和慢性支气管炎。

①急性支气管炎：病初表现短促干咳，3～4d后连续湿咳，咳出痰液由两侧鼻孔流出。体温正常或稍升高，呼吸加快，通过用手轻捏病羊气管，可出现声音高亢的连续性咳嗽。

②慢性支气管炎：持久性咳嗽，常在气温剧变、活动、进食、夜间、早晚气温较低时出现剧烈的咳嗽。痰液不多，体温大多正常，患病后期当支气管狭窄时，呼吸困难，可视黏膜发紫。在温暖的气候环境中，咳嗽症状减轻或暂停。

（2）防治措施　在冷暖交替季节，天气突变时，采取防寒保暖或降温去暑的措施。治疗时采用口服感冒通3片、螺旋霉素4片、复方甘草片6片，每天3次。或10%磺胺嘧啶钠注射液10～20mL，肌内注射，1天1次，同时口服麻杏石甘口服液20～30mL，每天1次，连用3～5d。或用青霉素120万IU、链霉素50万U、鱼腥草注射液10mL，混合肌内注射，1天2次，连用2～3d。

3. 前胃弛缓

（1）临床症状　患病羊食欲减退，反刍减少，口腔黏膜发白，舌苔黄白，常常磨牙，饮欲减少，嗳气酸臭，粪便中混有消化不全的饲料，往往被覆黏液，后排稀粪、味臭。症状时轻时重，病程较长的，则逐渐形体消瘦、被毛粗乱、眼球凹陷、卧地不起、瘤胃按之松软等。出现间歇性瘤胃臌气，体温正常。

（2）防治措施　加强饲养管理，防止过食易发酵的草料，确保精饲料和粗饲料搭配合理。治疗时用硫酸新斯的明，一次2mL，肌内注射，间隔6h后再使用一次，直到瘤胃蠕动能力恢复；或使用龙胆酊10mL，加常温水适量，灌服；或口服益生菌恢复患病羊瘤胃微生物群落，同时饲喂或灌服健脾散。

4. 瘤胃积食

（1）临床症状　病羊食欲不振，反刍减少或废绝；喜卧，不愿走动，腹围膨大，左肷充满，拱腰低头，摇尾顾腹不安，体温正常，呼吸困难，瘤胃体积变大，按压瘤胃部有硬实感，用力按压有疼痛感。病羊出现空口咀嚼，嗳气有酸臭味。

（2）防治措施　粗硬饲草饲料要经过加工再喂，饲喂应定时定量，防止羊只贪食与暴食，加强运动。发病后停喂草料，待无腹胀积食时，给少量易于消化的青绿多汁草料，同时给温盐水饮用。

病情较重的可采用洗胃法：胃导管插入瘤胃中，胃导管放低，让胃内容物外流，如遇外流不畅时，可灌入适量温水并用手按摩瘤胃部促使外流通畅，反复数次后，再从胃导管灌入50片0.3g大黄苏打片。或直接口服大黄苏打片0.3g×50片、鱼石脂2g、陈皮酊30mL、液状石蜡150mL。

病情较轻的可以选择饥饿按摩，促进瘤胃蠕动。将病羊隔离到单圈饲养，停止饲喂，时间为48～72h，每天多次少量饮用食盐水，每天饮水次数控制在7～8次，可在水中添加适量的酵母粉。饮水过后给病羊进行瘤胃按摩，每次30min，同时可以适当驱赶羊只，通过适量的运动促进胃肠蠕动，加速食物消化；或一次肌内注射2～5mL硫酸新斯的明注射液，每天1次；或一次肌内注射10～20mL复合维生素B注射液，每天1～2次。

5. 肠胃炎

（1）临床症状　主要特征是发热、腹痛、腹泻、脱水。病羊表现出精神萎靡，食欲不振或者完全废绝，明显口臭；发生腹泻，排出水样或粥样粪便，散发腥臭味，且往往混杂黏液、脱落的黏膜组织以及血液，有时甚至混杂脓液；病羊有明显腹痛，肚腹蜷缩。如果导致直肠发生炎症，会出现里急后重的排便现象（发病后期，肛门明显松弛，排便失禁甚至白痢）。体温明显升高，呼吸急促，眼窝凹陷，眼结膜发紫或者暗红，尿液量减少。随着症状加重，病羊体温开始逐渐降低，低于正常水平，四肢厥冷，体表静脉萎陷，精神萎靡，甚至陷入昏迷或昏睡状态。

（2）防治措施　饲喂品质优良且容易消化的草料，草料合理搭配，禁止饲喂混有霉变或者腐蚀性、刺激性化学物质的饲草。治疗时可采用0.5%痢菌净液50～100mL，一次内服；或止泻克痢粉8～15g，一次灌服，每日2次。食欲较差的静脉注射5%葡萄糖生理盐水500mL，庆大霉素24万U、维生素C注射液2～10mL；脱水严重的可再静脉注射生理盐水500mL或者5%碳酸氢钠注射液100mL，连续使用2～3d。

6. 皮下脓肿

（1）临床症状　皮下脓肿多集中在头颈部及胸腹部。患病山羊主要表现为皮下组织肿大、化脓，形成脓腔（图6-18），后期脓肿可破溃排出体外。严重时可能导致妊娠母羊流产及新生羔羊死亡。

（2）防治措施　羊圈避免有造成羊伤害的尖锐物体。若羊群中有患此病的

图6-18　羊头部皮下脓肿

羊，尽量隔离治疗，并对羊群圈舍及环境进行彻底消毒。

全身性药物疗法：用量和疗程依病情轻重而定，每天每只静脉注射青霉素100万～200万IU、庆大霉素24万U。或氟苯尼考每千克体重10mg，肌内注射，2d一次。

手术疗法：对于脓肿范围大的病羊，先在患部涂擦鱼石脂软膏，以促进脓肿早日成熟。成熟后在脓肿部位的最低位置处横向切开1.5～2cm的开口，然后挤压脓肿壁将脓汁挤出，之后用生理盐水反复冲洗，最后用碘酒纱布填塞创口。创口外留有2cm左右的纱布，便于脓汁流出。每天更换一次纱布，并且在创口周围涂抹碘伏，防止引起感染扩散。

7. 乳房炎

（1）临床症状　急性乳房炎患病乳区发热、增大、疼痛。乳汁变稀，混有絮状或粒状物。重症时，乳汁呈淡黄色水样或带有红色水样黏性液体。同时可出现不同程度的全身症状，表现食欲减退或废绝，瘤胃蠕动和反刍停滞；体温升高，呼吸加快，眼结膜潮红。患病羊起卧困难，站立、不愿卧地。羊慢性乳房炎多因急性型未彻底治愈而引起，患病乳区组织弹性降低、不柔软；触诊乳房时，发现大小不等的硬块；乳汁稀、清淡，泌乳量显著减少，乳汁中混有粒状或絮状凝块。

（2）防治措施　保持羊乳房清洁，防止母羊乳房外伤；母羊产奶特别多而未及时排出时，减少精料饲喂量，人工将积奶排出或代养其他羔羊。

乳房炎初期先冷敷后热敷，也可用10%鱼石脂酒精或10%鱼石脂软膏外敷。除化脓性乳房炎外，外敷前可配合乳房按摩。乳房炎中后期应用酒精棉球消毒乳头，并挤出乳房内乳汁，然后使用蒸馏水20mL稀释庆大霉素8万U或青霉素40万IU，用导管针头通过乳头分两次注入，每日2次，注射后要按摩乳房。或青霉素80万IU，0.5%盐酸普鲁卡因40mL，在乳房基底部用封闭针头进针4～5cm，分3～4次注入，每2d封闭1次。对乳房极度肿胀、发高热的全身性感染者，应及时用卡那霉素、庆大霉素、青霉素等抗生素进行全身治疗。

8. 子宫内膜炎

（1）临床症状

①急性子宫内膜炎：病羊体温明显升高，精神不振，采食减少，鼻镜干燥，经常呈排尿姿势，但无尿或少尿，频繁拱起腰背，做努责动作，从生殖道中排出较多灰白色或灰红色的黏液性分泌物（图6-19），有恶臭味，严重时会排出大量血性分泌物（图6-20），尤其是卧地后会有大量分泌物从阴道中排出。

②慢性化脓性子宫内膜炎：该类型一般是从急性型转变而来，病羊可表现出较轻的全身症状，如精神不振、食欲减退、机体逐渐消瘦等。发病期间出现异常发情，还可能有假发情现象，体温略高，常从阴门排出灰白色的黏液，并

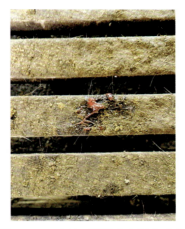

图6-19　病羊阴道排出分泌物　　　图6-20　病羊阴道排出血性分泌物

附着在阴门和尾部形成牢固的结垢。后期引起全身感染，最后造成病羊精神沉郁，采食减少，机体逐渐消瘦，甚至衰竭而亡。

③慢性卡他性子宫内膜炎：病羊一般不会有全身性症状，大多数发情周期正常，但多配不孕，或妊娠早期流产，阴门流出浑浊的絮状黏液，卧地后会流出更多。发情时会有大量灰白色或者白色的絮状物从阴道流出。

④隐性子宫内膜炎：病羊外观常无明显的症状，发情正常但多配不孕。病羊在发情过程中或者配种前，通过直肠检查对子宫进行按摩触压，会排出较多的不透明且稍微浑浊的分泌物。用生理盐水清洗子宫，回流液静置一段时间后，可见液体中有絮状物或沉淀物。

（2）防治措施　改善环境卫生，保持羊舍干燥，适当通风，定期消毒，合理搭配饲料，保证营养充足供应，以及增强机体抵抗外界环境的能力。注意预防羊布鲁氏菌病、衣原体病等流产性疾病，避免母羊发生流产、难产或者胎衣不下，查看分娩后1周内母羊的阴道排出物，如果发现排出时间延长或散发臭味要及时治疗。

①急性子宫内膜炎：注射50IU催产素，30min后再以相同剂量注射1次，然后用1～2L温热生理盐水清洗子宫，直到阴道排出物恢复正常。冲洗结束

后，每间隔1d向子宫中投入广谱抗生素，如庆大霉素、四环素、青霉素等，连用2～3次。如果病羊体温升高，可静脉注射广谱抗生素。

②慢性卡他性子宫内膜炎与化脓性子宫内膜炎：选择0.3%的来苏儿清洗阴道和子宫，冲洗后要尽快排出冲洗液，并向子宫中输入40万IU青霉素。

③隐性子宫内膜炎：在母羊配种前的2h使用生理盐水冲洗阴道和子宫，结束后要确保液体被完全排出。在配种后的2h，用20mL的生理盐水、200万U链霉素、80万～160万IU青霉素，稀释后灌入子宫内。

9. 难产

（1）临床症状　分娩前常有不安、呕吐、徘徊等症状，伴有规律的努责、阵缩，阴唇部位红肿、湿润（图6-21）。2～3d后，若母羊仍未进行分娩或分娩时胎儿被夹住，则无法正常顺产。随着时间延长，母羊会表现出精神萎靡、呼吸加快、宫缩减弱、卧地不起等症状。

（2）防治措施　体型相差过大的品种不宜选配，参配母羊年龄体型不宜过小。母羊妊娠期间注意适量运动，合理搭配日粮，维持母羊正常体况，避免母羊体况过肥，胎儿体重过大。

图6-21　母羊难产

对羊水已流出、宫缩较弱的母羊，一次性肌内注射缩宫素2～4mL。对于骨盆狭窄或胎儿胎位不正的母羊，可向其产道内灌注液体石蜡，随后调整胎儿保持顺产姿势，再缓慢拉出。对于子宫颈扩张不全或狭窄的母羊，可肌内注射地塞米松磷酸钠注射液、苯甲酸雌二醇注射液及缩宫素注射液。对于阴道和阴门狭窄的母羊，可通过外阴切开术进行助产。在上述方法无效的情况下，可通过剖腹产将胎儿取出。

10. 母羊胎衣不下

（1）临床症状　母羊胎衣在体内滞留达到24～36h，发生腐败，并在体内

图6-22 产后胎衣不下

滞留恶露、滋生炎性产物，病羊长时间呈拱腰努责或者卧地不起，有红色、褐色的恶露从阴户流下，有腥臭味，精神萎靡，食欲不振或者完全废绝，体温明显升高（图6-22）。

（2）防治措施 合理饲喂，分娩前5d内开始减少饲喂精饲料。坚持适量运动。病羊分娩后不超过24h的，可肌内注射催产素注射液1～2mL或麦角新碱注射液0.8～1mL，配合用温生理盐水冲洗子宫。用药后72h不奏效的，应立即进行手术治疗。

11. 腐蹄病

（1）临床症状 病羊喜卧，跛行，趾间皮肤充血、发炎，轻微肿胀，进而潮红、肿痛（图6-23）。病蹄有恶臭分泌物和坏死组织，蹄底部有小孔或大洞，挤压有脓液、污黑臭液流出，患病后期严重跛行，跪倒采食。

（2）治疗方法 及时修蹄，若蹄部有外伤，及时处理。注意圈舍卫生，保持清洁干燥。病羊隔离治疗。治疗时先清创并除去患部坏死组织，使用低浓度的常用消毒药品或者食醋进行冲洗消毒患部，然后在趾间撒些硫酸铜粉末，每日1次。

对大群羊只进行浴蹄，用6%福尔马林溶液、10%硫酸铜溶液、5%高锰酸钾溶液交替使用，连续2～3d。对蹄部已经

图6-23 腐蹄病

发生变形的病羊，进行矫正或者修蹄。如果脓疡部分仍未破，切开排脓，先去掉坏死组织，接着用消毒药水进行清洗，然后用抗生素药膏局部涂抹，或撒以高锰酸钾粉或硫酸铜粉剂。对患病严重的病蹄，将青霉素粉剂或磺胺粉剂塞于蹄叉溃烂部，用纱布包扎，隔天取出，同时进行浴蹄。

病羊若出现继发性感染，需静脉注射磺胺嘧啶钠30～50mL加氢化可的松10mL，每天1次，连用2d；或用氨苄青霉素2g加地塞米松10mL肌内注射，交替使用，每天2次，连用2d；或用长效土霉素或多西环素注射液10mL，每天2次，连用3d。

参 考 文 献

常丽娜，律祥君，崔金良，2021.羊酸中毒的发病原因、危害及防治技术研究[J].现代畜牧兽
　　医（9）：84-88.

陈彦，2023.羊肠毒血症的诊断与防制[J].北方牧业（13）：40.

陈瑜，张国俊，贾旌旗，等，2014.南江黄羊对天然草地合理利用技术研究[J].中国草食动物
　　科学（S1）：395-398.

董亚娟，李广波，刘红亮，等，2020.羊传染性角膜炎结膜炎诊断与治疗[J].畜牧兽医科学：
　　电子版，（16）：79-80.

高娃，秀英，韩鹏辉，等，2022.羊乳房炎的诊断及其防治[J].兽医导刊（2）：21-24.

顾国强，2022.浅析舍饲羊饲养管理技术[J].畜禽业，33（4）：44-46.

郭占方，2020.母羊胎衣不下的发病因素、临床症状及治疗措施[J].现代畜牧科技（6）：147-
　　148.

韩飞，2022.羊布鲁氏菌病诊断与防治[J].畜牧兽医科学：电子版，（21）：89-91.

胡马尔别克·夏代提汗，2020.羊亚硝酸盐中毒的发病原因、临床症状、诊断及防治[J].现代
　　畜牧科技（6）：121-122.

黄元，八晓敏，宋帅，等，2021.一起黑山羊感染羊口疮和前后盘吸虫的诊断与防治[J].广东
　　畜牧兽医科技，46（1）：30-32.

李春园，2022.羊消化道线虫病诊断与防治[J].畜牧兽医科学：电子版，（2）：94-95.

李磊，2016.羊子宫内膜炎的诊断与综合防治对策[J].中国动物保健，18（5）：39-40.

李龙金，董良奇，2022.山羊舍饲养殖技术[J].现代农村科技（10）：52-53.

刘锦红，2023.羊小反刍兽疫鉴别诊断和防治措施[J].特种经济动植物，26（5）：71-73.

刘巧玲，2023.羊传染性脓疱病的临床症状与防治方法[J].特种经济动植物，26（7）：84-
　　85+118.

刘守权，2022.羊疥螨病的流行诊断和综合防治措施[J].吉林畜牧兽医，43（3）：80-81.

刘永梅，2023.羊肠胃炎病因、症状及防治措施[J].今日畜牧兽医，39（3）：89-91.

庞军，2019.中西医结合治疗羊肺炎[J].中兽医学杂志（6）：69.

彭生，2020.羊前胃弛缓临床症状、诊断及治疗[J].畜牧兽医科学：电子版，（1）：123–124.

孙成，陈曦，2023.羊传染性胸膜肺炎的诊断及治疗效果观察[J].吉林畜牧兽医，44（4）：105–106.

孙东明，2023.牛羊口蹄疫病诊断与防治分析[J].中国畜牧业（7）：111–112.

田娥，2022.母羊难产的发生原因、临床表现及防治措施[J].今日畜牧兽医，38（7）：111–112.

王方珍，2023.羊传染性脓疱病的防治与诊断[J].中国动物保健，25（7）：55–56.

王海明，2023.羔羊痢疾的病因、诊断与防治措施[J].养殖与饲料，22（4）：102–104.

王瑞，沈爱华，纪辰晨，等，2016.羊霉变饲料中毒的诊断与治疗[J].中国畜牧兽医文摘，32（12）：175.

王亚楠，2023.羊传染性胸膜肺炎诊治[J].四川畜牧兽医，50（4）：61–62.

文亚洲，豆伟涛，张江，等，2023.羊腐蹄病的诊治体会[J].畜牧兽医志，42（3）：142–144.

吴小华，2022.羊瘤胃积食的诊断及防治[J].中国畜牧业（20）：93–94.

谢先福，2023.羊肠毒血症的实验室诊断和防控措施[J].畜牧兽医科技信息（1）：97–98.

徐光沛，佘德勇，夏伦斌，等，2020.山羊皮下脓肿的诊断与治疗[C]//中国畜牧兽医学会.创新、融合、健康、未来——第九届全国畜牧兽医青年科技工作者学术研讨会论文集.[出版者不详]：190.

杨兆凯，2023.羊肝片吸虫病诊断与防治[J].畜牧兽医科技信息（4）：112–114.

易建强，颜艾，2022.羔羊痢疾的鉴别诊断及防治[J].中兽医学杂志（8）：36–38.

岳振华，2019.中西医结合治疗羊支气管炎[J].中兽医学杂志（6）：120.

扎西，2022.牛羊口蹄疫发病原因、鉴别诊断及防控措施[J].畜牧兽医科学：电子版，（20）：106–108.

张国俊，2019.南江黄羊[M].北京：中国农业出版社.

张斯旅，刀筱芳，李垚，等，2019.山羊皮下脓肿的病原分离与鉴定[J].中国畜牧兽医，46（3）：949–956.

朱宝军，王婕，2019.羊传染性角膜结膜炎诊断与治疗[J].畜牧兽医科学：电子版，（21）：138–139.